Önologische Aspekte fruchtiger Weine

Die Rolle von Oxidation und Reduktion

DER WINZER
WINZER

Önologische Aspekte fruchtiger Weine

Die Rolle von Oxidation und Reduktion

avBUCH

Impressum

2. Auflage 2015

Die Deutsche Bibliothek - CIP Einheitsaufnahme
Die Deutsche Bibliothek verzeichnet diese Publikation in der Deutschen Natonalbibliografie; detaillierte bibliografische Daten sind im Internet über http://dnb.ddb.de abrufbar.

Coverbild: Bildagentur Waldhäusl/Preußer Volker

Projektleitung: Brigitte Millan-Ruiz, avBuch
Redaktion: Sarah Legler, Wien
Umschlag, Satz & Bildreproduktion: Hantsch & Jesch PrePress Services OG, Wien
Druck und Bindung: Druck KN Digital Printforce GmbH,
Ferdinand-Jühlke-Straße 7, 99095 Erfurt

Printed in Germany

ISBN: 978-3-7040-2294-3

Inhalt

Vorwort

Das vorliegende Buch entstand aus der Nachfrage nach einer inhaltlichen Zusammenfassung von Fachartikeln, Vorträgen und Seminaren, für die der Autor in den zurückliegenden Jahren verantwortlich zeichnete. Es behandelt essenzielle Fragen einer naturnahen Weinbereitung, die Rolle des Sauerstoffs in deren verschiedenen Phasen, sowie die Bedeutung von Oxidation und Reduktion für die Haltbarkeit und sensorische Differenzierung der Weine. Es verfolgt das Ziel, önologische Verfahren kritisch zu hinterfragen, dem Erzeuger Wege zum eigenen Weinstil aufzuzeigen und Elemente zur rationalen Entscheidungsfindung zu liefern. Durch die Verbindung von handwerklicher Praxis und wissenschaftlichem Hintergrund soll den Studierenden gleichzeitig eine Grundlage für weitere Untersuchungen in die Hand gegeben werden.

Basis dieser Abhandlung sind Beobachtungen und Daten, die sich während 30 Jahren Tätigkeit an der Schnittstelle von praktischer Weinbereitung, Beratung, Qualitätskontrolle und unabhängiger Forschung in unterschiedlichen Weinbauländern angesammelt haben, wobei der Schwerpunkt auf die spezifischen Verhältnisse des deutschsprachigen Raums gelegt wird. Keinesfalls dürfen allgemein gültige Rezepte erwartet werden, die die eine oder andere Lehrmeinung repräsentieren und die naturgemäß nicht existieren können.

Allen Kollegen und Freunden in Österreich, die die Herausgabe dieses Werkes gefördert haben, soll an dieser Stelle herzlicher Dank ausgesprochen werden.

Bingen, im März 2008 **Volker Schneider**

1 Die Alterung von Weißwein

1.1 Sensorische Differenzierung der Alterungstöne

Der Marktwert fruchtiger Weißweine ist an ein prägnantes Sortenaroma geknüpft. Viel önologisches Wissen wird in seine Erzeugung investiert; ungleich weniger Aufmerksamkeit wird seiner Haltbarkeit gewidmet. Doch Weißweine sind sensible Produkte. Sie unterliegen einer weitaus stärkeren Alterung als Rotweine. Ihre sensorischen Folgen werden meist negativ gewertet; positiv gereifte Weißweine stellen bestaunte Ausnahmen dar. Die beschränkte Haltbarkeit von Weißweinen ist ein weltweites Problem.

Alle Weine verändern sich während der Lagerung. Ein gradueller Abbau fruchtiger Jungweinaromen, besonders solcher aus dem Gärungsstoffwechsel der Hefe, betrifft als normaler Vorgang alle Weinarten. Man spricht von Reifung. In Weißweinen stellen sich darüber hinaus in einer zweiten Phase verschiedene Alterungstöne ein. Die Alterung führt zu einer signifikanten Beeinträchtigung der ursprünglich beabsichtigten Qualität.

Um gezielte Maßnahmen zur Optimierung der Haltbarkeit zu ergreifen, ist es erforderlich, die verschiedenen Varianten der Alterung nach sensorischen Eigenschaften und chemischen Ursachen zu differenzieren. Dazu sind Begriffe der deskriptiven Sensorik nötig, deren präzise Anwendung eine Frage von Schulung und Training ist. Leider werden sensorische Begriffe oft auf unzulässige Weise gegeneinander ausgetauscht. So gibt der Begriff des „Firneböcksers" keine Auskunft darüber, ob es sich um einen Böckser, eine Altersfirne oder um beides gleichzeitig handelt. Missverständnisse durch unpräzisen Sprachgebrauch führen in der Praxis häufig zu önologischen Fehlentscheidungen bei der Auswahl präventiver oder kurativer Gegenmaßnahmen.

Nach sensorischen Kriterien lassen sich vier Typen von Alterung unterscheiden, von denen im Einzelfall mehrere gleichzeitig auftreten können:

- Altersfirne, eingeleitet durch einen graduellen Zerfall der fruchtig-floralen Aromen des Jungweins und deren zunehmender Überlagerung durch geruchliche Attribute von Heu, Stroh, Nüssen, Pilzkonserven, schwarzem Tee, feuchter Erde und Honig, oft begleitet von einer zunehmenden Gerbigkeit im Mund. Eine Farbintensivierung bis hin zur Hochfarbigkeit kann, muss aber nicht eintreten.

- Untypischer Alterungston (UTA), ausgelöst durch eine Kettenreaktion pflanzlicher Stresshormone mit einem Aroma nach Mottenkugeln, Waschpulver, Waschmaschine, schmutziger Wäsche oder Zitronenblüte als Folge.

- Lagerböckser, die aus einem Umbau schwefelhaltiger Substanzen zu leicht flüchtigen Verbindungen resultieren, welche geruchlich an verbrannten Gummi, Knoblauch, ranziges Fleisch, faule Eier usw. erinnern.

- Petrolton, auf den Abbau traubenbürtiger Carotinoide zurückzuführen und im Geruch an Benzin, Kerosin und trockene Marillen erinnernd. Er ist überwiegend auf Weine der Rebsorte Riesling aus reifem Lesegut beschränkt. Als marginales Problem ohne Möglichkeit önologischer Einflussnahme wird er in diesem Rahmen nicht behandelt werden.

Die Altersfirne stellt die typische Form der Alterung aller Weißweine dar, während die drei letzteren Varianten als fehlerhafte Abweichungen von der normalen Entwicklung gesehen werden können. Von diesen kann in Rotweinen nur der Lagerböckser auftreten.

1.2 Oxidative Alterung und Altersfirne

1.2.1 Einfluss von Flaschenverschluss und Sauerstoff
1.2.2 Einfluss der Phenolbelastung
1.2.3 Einfluss der Lagertemperatur
1.2.4 Einfluss der schwefligen Säure
1.2.5 Einfluss von Ascorbinsäure

Die Minderung der Fruchtaromen während der Lagerung von Weißwein ist zu einem überwiegenden Anteil auf eine Zunahme von Ethylestern, auf eine Abnahme von Acetaten und auf eine Veränderung sortenspezifischer Terpene zurückzuführen. Während über den Abbau von Fruchtaromen relativ viel bekannt ist, sind die für die Altersfirne verantwortlichen Reaktionen und Endprodukte weniger erforscht. Zahlreiche Ergebnisse jüngerer Zeit deuten jedoch darauf hin, dass Zucker und Aminosäuren über langsam verlaufende Karamelisierungsreaktionen und solche vom Typ der Maillard-Reaktion involviert sind.

Reaktionen von Aminosäuren mit Aldehyden und Ketonen zu geruchlich aktiven Substanzen wurden nachgewiesen. Insbesondere S-haltige Aminosäuren wie das Cystein führen zu diversen Pyrazinen, Thiazolen, Thiazolidinen und Oxalonen, die für das komplexe Aroma von Haselnüssen, gegrilltem Fleisch und trockenen Früchten verantwortlich sind (122). Unabhängig davon wurden über einen völlig anderen Syntheseweg gebildete Lactone zumindest teilweise für das firne Geruchsbild verantwortlich gemacht (98).

Unter oxidativen Bedingungen werden durch gekoppelte Oxidation von ortho-Dihydroxyphenolen Acetaldehyd höhere Aldehyde und Aldehydacetale gebildet (198), die wesentlich am Aroma von Sherry beteiligt sind. Die Bildung von Aldehyden ist ein Oxidationsproblem und führt zu einer sensorischen Beeinträchtigung (8). Simpson (162) konnte in Riesling nachweisen, dass infolge oxidativer Alterung eine Reihe von Substanzen gebildet werden, die bei Alterung unter Luftabschluss nicht entstehen. Zu solchen geruchlich aktiven Verbindungen zählen u. a. höhere Aldehyde einschließlich Benzaldehyd und Furfurale.

Ferreira da Silva und Bertrand (46) fanden unter den Bedingungen oxidativer Lagerung im Holzfass ebenso eine Zunahme von Carbonylverbindungen wie gesättigte und ungesättigte Aldehyde sowie Methylketone. Sie schreiben die Altersfirne dem 2-Nonanon und dem 2-Undekanon zu.

Escudero et al. (40) fanden nach der Oxidation von sechs Weißweinen 22 neue geruchlich aktive Substanzen. Vier davon lagen in allen Weinen und 13 in mehr als der Hälfte der Weine vor. Mehrere dieser Komponenten wiesen unangenehme bzw. oxidierte Geruchsnuancen auf. In der deskriptiven Analyse stellten sich 15 geruchliche Attribute als durch die Oxidation beeinflusst heraus. Das Aromagramm veränderte sich zu über 60 %. Es ist ein allen Weinen gemeinsames Oxidationsmuster ersichtlich. Für das Aromabild oxidierter Weine werden hauptsächlich höhere Aldehyde wie Methional verantwortlich gemacht (41). Die Aromanote von gekochtem Gemüse korreliert mit den Gehalten an 2-Nonenal, Eugenol, Benzaldehyd und Furfural (42).

Silva Ferreira et al. (157, 158, 159, 160) sowie Ferreira (45) stellten Methional und Phenylacetaldehyd als Schlüsselkomponenten für den Charakter oxidativ verdorbener Weißweine dar. Die Konzentrationen korrelieren mit der Sauerstoffaufnahme und den Aromanoten von gekochten Kartoffeln, Silagefutter, Heu und Holz.

Lavigne-Cruech et al. (83) identifizierten 2,5-Furandicarbaldehyd, Furylhydroxymethylketon und Hydroxymaltol als chemische Marker für die Entstehung von Altersfirne, insbesondere des Attributs Honig, während der Lagerung teilgeklärten Weißweins im Holzfass. Aufrühren der Hefe verringerte die Gehalte.

Aus dem Vorliegenden ist ersichtlich, dass die Aufnahme und Umsetzung von Sauerstoff eine große Rolle bei der Entstehung der Altersfirne spielt und dass Carbonylverbindungen wie höhere Aldehyde und deren Folgeprodukte zu den geruchlich verantwortlichen Substanzen zählen. Entsprechende oxidationsempfindliche Vorläuferstufen stehen in ausreichender Menge und Vielfalt zur Verfügung. Der notwendige Sauerstoff tritt in praktisch allen Phasen der Weinbereitung hinzu, aber erst nach der Klärung führt seine Aufnahme zu sensorisch umsetzbaren Konsequenzen, die sich als Altersfirne manifestieren können.

Zur Behandlung altersfirner Weine ist nur Aktivkohle und, mit einigem Abstand, eine Hefeschönung Erfolg versprechend. Die für das altersfirne Geruchsbild verantwortlichen Substanzen sind zwar komplexer, aber keinesfalls phenolischer Natur und können daher nicht durch phenolmindernde Schönungsmittel wie Casein oder PVPP adsorbiert werden. Solche Präparate mindern nur die Phenole, die als Katalysatoren an ihrer Entstehung beteiligt sind (Kapitel 1.2.2).

Im folgenden Kapitel wird anhand abgefüllter Weine dargestellt, wie Sauerstoff und andere Faktoren die Haltbarkeit von Weißwein konditionieren.

1.2.1 Einfluss von Flaschenverschluss und Sauerstoff

Durch den Flaschenverschluss nimmt der abgefüllte Wein variable Mengen von Sauerstoff (O_2) auf. Wie an späterer Stelle detailliert gezeigt wird, schwanken diese bei Naturkorken in Abhängigkeit von der Korkqualität und dem Flaschenvolumen (0,75 bzw. 1,0 l) zwischen 3 und 30 mg/l O_2 um einen Mittelwert von 10 mg/l pro

Jahr. Bei Schraubverschlüssen reduziert sich dieser Wert auf weniger als 5 mg/l, meist sogar auf unter 1 mg/l O_2.

Die Sauerstoffaufnahme während der Flaschenlagerung bleibt nicht ohne Einfluss auf Qualität und Haltbarkeit. In einem Lagerversuch wurde zunächst ermittelt, inwiefern sich die unterschiedliche Gasdurchlässigkeit von Flaschenverschlüssen auf die Aromastabilität von Weißweinen auswirkt. Dazu dienten ein Riesling und eine Neuzüchtung, deren Matrix zusätzlich variiert wurde durch Zugabe von je 30 mg/l flavonoider Phenole in Form von Phenolextrakt aus Traubenkernen und 30 mg/l reinem Catechin. Die drei Varianten pro Wein wurden mit 50 mg/l freier SO_2 unter identischen Bedingungen auf Flaschen von 0,75 l abgefüllt, von denen ein Teil mit Schraubverschluss und ein anderer Teil mit Naturkork verschlossen wurde. Nach neun Monaten der Lagerung bei 22° C erfolgten verschiedene sensorische Auswertungen, bei denen die Proben den Prüfergruppen verdeckt gereicht wurden.

In einer ersten Auswertung wurde der Einfluss des Flaschenverschlusses auf die Entstehung von Altersfirne untersucht. Für jede der drei Varianten pro Wein wurden Schraubverschluss und Kork paarweise miteinander verglichen. Die Ergebnisse sind in Tab. 1 wiedergegeben. In allen Fällen zeigte die mit Schraubverschluss versehene Variante weniger Altersfirne als die mit Naturkork verschlossene Variante; in den meisten Fällen waren die Unterschiede statistisch signifikant ($p = 0,05$). Sie sind systematisch und auf alle Weißweine übertragbar. Allein ihr Ausmaß ist variabel und auf die stark schwankende Gasdichtigkeit der Korken zurückzuführen.

Vergleich des Flaschenverschlusses im Dual-Test pro Variante; 18 Prüfer.
Mit unterschiedlichen Buchstaben gekennzeichnete Rangziffern unterscheiden sich auf einem Signifikanzniveau von p = 0,05.

	Riesling	Neuzüchtung
Standard + Schraubverschluss	1,083 A	1,167 A
Standard + Naturkork	1,917 B	1,833 B
+ Kernextrakt + Schraubverschluss	1,333 A	1,083 A
+ Kernextrakt + Naturkork	1,667 A	1,917 B
+ Catechin + Schraubverschluss	1,250 A	1,416 A
+ Catechin + Naturkork	1,750 B	1,667 A

Tab. 1: Einfluss des Flaschenverschlusses auf die geruchlich wahrnehmbare Altersfirne bei zwei Weißweinen unterschiedlicher Phenolmatrix

Nicht alle Reaktionen der Alterung sind oxidativer Natur, aber ein großer Teil von ihnen ist an den Zutritt von Sauerstoff gebunden. Der Schraubverschluss schützt Weißweine besser vor Alterung als die meisten Korken. Die signifikant schlechtere Bewertung der mit Kork verschlossenen Varianten geht mit der den Korken eigenen höheren Sauerstoffdurchlässigkeit einher.

Sauerstoffaufnahme durch verschiedene Flaschenverschlüsse

Im Kopfraum der verschlossenen Flaschen ist Luft enthalten, sofern diese nicht durch eine Vakuumeinrichtung oder das Einblasen von Inertgas entfernt wird. Bezogen auf eine Flasche von 0,75 l und einem durchschnittlichen Kopfraum von

4,0 ml bzw. 12 mm Höhe unter dem Kork, beträgt der in dieser Luft enthaltene Sauerstoff 1,5 mg/l. Wird die gleiche Flasche mit einem Schraubverschluss verschlossen, verbleibt ein größerer Kopfraum, in dem 4–5 mg/l O_2 enthalten sind. Grundlage der Berechnungen ist die Tatsache, dass Luft zu 20,8 % aus Sauerstoff besteht, wobei 1 ml dieses Gases 1,34 mg entspricht.

Der mit dem Wein in der Flasche eingeschlossene Sauerstoff reagiert nun mit Weininhaltsstoffen, wird dabei gebunden und verschwindet. Eine messtechnisch leicht zugängliche Folge dieser Oxidation ist die Abnahme der schwefligen Säure, wenngleich diese nur einen Teil des Sauerstoffs abfängt. Die Geschwindigkeit, mit der sich der Sauerstoff chemisch umsetzt, schwankt von Wein zu Wein. Die Bindung einer gängigen Menge gelösten Sauerstoffs von 2 mg/l ist meist innerhalb weniger Tage beendet, kann im ungünstigsten Fall jedoch bis zu einem Monat in Anspruch nehmen. Durch Oxidation bedingte Alterungsreaktionen, die nach diesem Zeitpunkt eintreten, sind auf eine Sauerstoffzufuhr durch den Verschluss zurückzuführen.

Zur Messung der Sauerstoffaufnahme durch den Flaschenverschluss wurde eine wässrige Lösung abgefüllt, in der Sauerstoff eine messbare Veränderung hervorruft, die stöchiometrisch umgerechnet werden kann. Diese Lösung enthielt 12 % Ethanol, 150 mg/l Ascorbinsäure, 2,5 g/l Weinsäure und 2,0 mg/l Eisen. Die Aufnahme von 1 mg Sauerstoff führt zu einer Minderung der Ascorbinsäure um 5,5 mg. Die Flaschen von 750 ml waren mit Stickstoff vorgespannt und wurden mit 18 verschiedenen Korken und einem Anrollverschluss verschlossen. Jede der 19 Varianten wurde während 12 Monaten unter verschiedenen Bedingungen gelagert: liegend bei konstant 22° C, liegend bei 12° C und stehend bei 12° C. Anschließend wurde der durch den Verschluss aufgenommene Sauerstoff aus der Abnahme der Ascorbinsäure errechnet.

Die Ergebnisse sind in Abb. 1 zusammengefasst und als Sauerstoffdiffusion in mg O_2 pro Verschluss und Jahr dargestellt. Es zeigt sich, dass alle Korken eine bemerkenswerte Aufnahme von Sauerstoff zulassen, die in diesem Versuch um einen Mittelwert von 15,4 mg O_2 schwankt. Nur die mit Schraubverschluss verschlossenen Varianten zeigten mit 4–5 mg O_2 eine deutlich geringere Sauerstoffaufnahme. Bei den Korken ergaben sich signifikante Unterschiede in der Sauerstoffdiffusion in Abhängigkeit von der Lagerung. Die Lagerung bei 12° C führt zu einer deutlich höheren Sauerstoffaufnahme als eine solche bei 22° C, bedingt durch die bessere Löslichkeit des Gases in der Kälte. Die stehende Lagerung bei 12° C ergab die stärkste Streuung zwischen den Korken; die Sauerstoffdiffusion schwankte zwischen 9 und 17 mg O_2 pro Jahr. In den bei 12° C liegend aufbewahrten Varianten minimierten sich die Unterschiede zwischen den Korken.

In der Praxis wird die Sauerstoffaufnahme durch schwankende Lagertemperaturen erhöht, weil es bei jeder Abkühlung zu einer Volumenkontraktion des Weins und, damit verbunden, zu einem Unterdruck in der Flasche kommt, welcher weiteren Sauerstoff „ansaugt". Eine konstante Lagertemperatur verbessert die sensorische Stabilität der Weine.

Die an sich gute Gasdichtigkeit der Schraubverschlüsse kann durch im Kopfraum befindliche Luft relativiert werden, wenn, im Gegensatz zu den beschriebenen Versuchsbedingungen, keine Vorspannung der Flaschen oder eine Spülung ihres Kopfraums mit Inertgas erfolgt. Der Kopfraum unter dem Schraubverschluss beträgt mit 15–17 ml ein Vielfaches von dem unter Kork. In 16 ml Luft sind 4,67 mg Sauerstoff enthalten, die den Wein in einer Flasche von 0,75 l mit umgerechnet 6,2 mg/l O_2 belasten. In Abhängigkeit von der Art des im Kopfraum befindlichen Gases erklären sich divergierende Ergebnisse aus ähnlich gelagerten Versuchsanstellungen (63, 65, 76, 88, 174, 181, 196), bei denen die verschlussspezifische Sauerstoffaufnahme aus der damit verbundenen SO_2-Abnahme geschätzt wird.

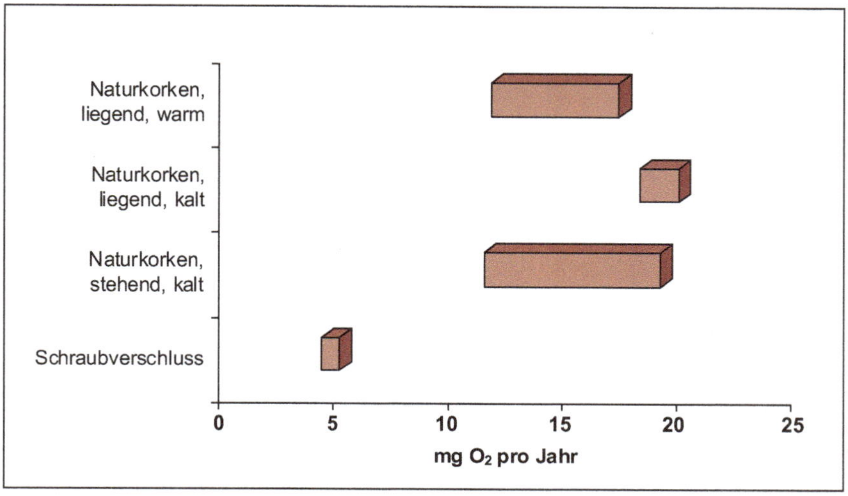

Abb. 1: Sauerstoffdiffusion (mg O_2 pro Jahr) durch verschiedene Flaschenverschlüsse in Abgängigkeit von der Lagerung

Es kann festgestellt werden, dass Korken durchschnittlicher Qualität den Wein mit beträchtlichen Mengen Sauerstoff versorgen können, der für Alterungsreaktionen zur Verfügung steht. Der Schraubverschluss verringert die Sauerstoffaufnahme um einen Faktor von drei bis vier. Die Sauerstoffdurchlässigkeit von Korken ist ein weithin vernachlässigtes Qualitätskriterium.

Starke Unterschiede zwischen Naturkorken

In einem ähnlich angelegten Versuch wurden Naturkorken sieben verschiedener Qualitäten jeweils in dreifacher Wiederholung eingesetzt und die Flaschen bei 10–15° C liegend gelagert. Abb. 2 zeigt die Ergebnisse. Die durchschnittliche Sauerstoffaufnahme über alle Korken lag in diesem Versuch bei 10 mg O_2 pro Jahr und damit innerhalb der bereits bekannten Größenordnung. Die Durchschnitte der verschiedenen Korksortierungen schwankten innerhalb eines Bereichs von 5–14 mg O_2. Das heißt, eine Korkcharge mit geringer Gasdurchlässigkeit hat die mittlere Sauerstoffdiffusion um einen Faktor von 2,8 gegenüber einer solchen mit hoher Gasdurchlässigkeit reduziert.

Beachtlich ist auch die Streuung zwischen den Einzelstücken. Innerhalb einer Korksortierung konnten beträchtliche Schwankungen bis zu einem Faktor von 2,2 beobachtet werden. Sensorische Unterschiede zwischen Flaschen des gleichen Weins können so erklärt werden (196). Sie manifestieren sich in Form von mehr oder weniger Fruchtaroma, mehr oder weniger Böckser, mehr oder weniger Altersfirne.

Eindeutig ist die Sauerstoffaufnahme durch den Kork sowohl von der Korkcharge als auch von dem Einzelstück abhängig. Diese enorme Streuung gestaltet signifikant abgesicherte Aussagen extrem problematisch.

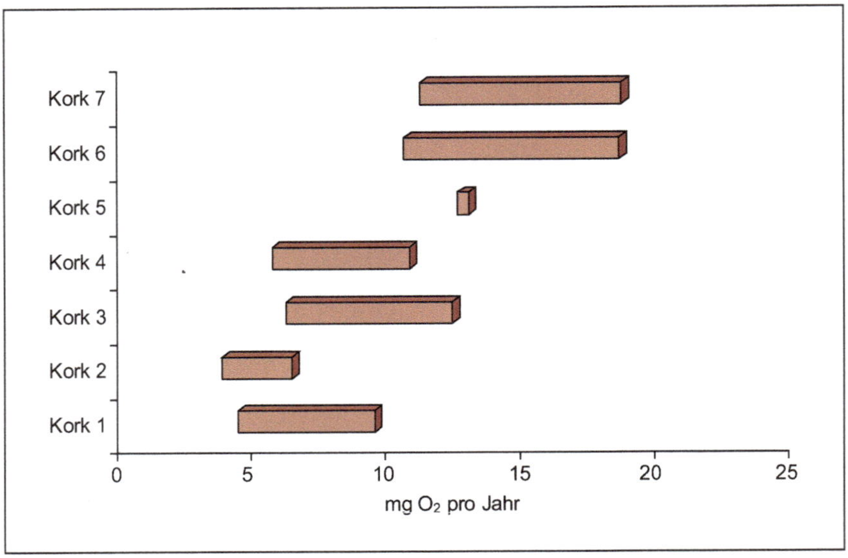

Abb. 2: Sauerstoffdiffusion ($mg\ O_2$ pro Jahr) durch Korken verschiedener Chargen bei stehender Lagerung und 10–12° C. Schwankungsbreite von drei Einzelstücken pro Charge

Je nach Flaschengröße wirkt der Sauerstoff auf unterschiedliche Weinvolumen. Ein in einer 0,375-l-Flasche abgefüllter Wein erfährt, auf den Liter umgerechnet, eine annähernd dreifach höhere Sauerstoffaufnahme als der in einer 1,0-l-Flasche. Daraus wird die Problematik beschleunigter oxidativer Alterung in kleinen Flaschengrößen deutlich. Auch aus diesem Grund werden Portionsflaschen geringen Volumens bevorzugt mit Schraubverschluss versehen.

Der über den Kork zugeführte Sauerstoff entspricht – bezogen auf die 0,75-l-Flasche und 1 mg O_2 pro Monat – annähernd der Menge, die im Rahmen der Mikrooxygenierung von Rotweinen gezielt eingesetzt wird. Daraus wird verständlich, dass die Problematik erhöhter Sauerstoffzufuhr über den Flaschenverschluss für Rotweine zwar nicht belanglos, aber weniger relevant und oft sogar positiv ist.

Die hier nicht untersuchten Kunststoffverschlüsse weisen als industrielle Serienprodukte nicht die bei Naturkorken beobachteten Streuungen von Stück zu Stück auf, wohl aber von Hersteller zu Hersteller. Die meisten, aber nicht alle Fabrikate zeichnen sich jedoch durch eine relativ hohe Sauerstoffdurchlässigkeit auf, die mit der schlechter Naturkorken vergleichbar ist (63, 65, 76, 88, 174, 181).

Mechanismen des Sauerstoffeintrags durch Naturkork

Der Aufnahme von Sauerstoff über den Korken liegen mehrere Mechanismen zugrunde. Sauerstoff kann in Form von Peroxid-Rückständen im Korken in den Wein gelangen (93). Solche mit Peroxid kontaminierte Korken führen zu einem außerordentlich rapiden SO_2-Abfall und beschleunigter oxidativer Alterung. Diese Form von Oxidation scheidet in den vorliegenden Messreihen aus, da sich in den verwendeten Korken keine derartigen Rückstände nachweisen ließen.

Molekularer Sauerstoff als verbleibende Ursache ist sowohl im Korkgewebe selbst als auch in der Atmosphäre des Flaschenlagers zu finden. Kork besteht zu 85–90 % aus Luft. Wenn der Kork in den Flaschenhals gedrückt wird, vermindert sich sein Volumen um 50–60 %, wobei sich der Luftdruck in den Korkzellen annähernd verdoppelt. Nach einer Phase des Druckabbaus, während der Alkohol und Wasser in den Kork eindringen, diffundiert das in den Korkzellen enthaltene Gas heraus. Damit geht ein gewisser Sauerstoffeintrag in den Wein einher (16).

Die im Korkgewebe enthaltene Luft ist nicht die einzige Ursache. Lagert man Flaschen ein und desselben Weins sowohl in reiner Stickstoff-Atmosphäre als auch an der Luft, verzeichnen die unter Stickstoff gelagerten Flaschen eine geringere Bräunung und einen geringeren SO_2-Abbau. Da die aus dem Korkgewebe aufgenommene Sauerstoffmenge identisch ist, resultieren die Unterschiede im Oxidationsverhalten aus dem in der umgebenden Atmosphäre verfügbaren Sauerstoff (196). Damit dieser in den abgefüllten Wein eindiffundiert, ist eine gewisse Durchlässigkeit des Korkens gegenüber atmosphärischem Sauerstoff zwangsläufig erforderlich. Unklar ist noch, ob die Sauerstoffdiffusion durch das Korkgewebe als solches oder entlang der Grenzfläche zwischen Kork und Glas erfolgt, und welche Rolle die Beschichtung spielt.

Die Sauerstoffaufnahme durch den Kork addiert sich zu dem Sauerstoffeintrag vor und während der Abfüllung. Sie zeigt mittelfristig die gleichen sensorischen Konsequenzen, die sich aus einer unkontrolliert hohen Sauerstoffaufnahme im Keller ergeben, wenn der Wein zu oft und zu strapaziös behandelt wird.

Flaschenverschluss beeinflusst Weintyp

Wenn ein Wein mit verschiedenen Verschlüssen abgefüllt wird, beginnen sich ab diesem Moment unterschiedliche Weine zu entwickeln. Diese Unterschiede können schon nach einem Jahr so ausgeprägt sein, dass sich die Prüfer zu Recht fragen, ob es sich um den gleichen Ausgangswein handelt. Sie können sogar größer als die Unterschiede sein, die durch weinbauliche oder kellertechnische Variablen herbeigeführt werden. Doch solche Qualitätsverluste nach der Abfüllung stehen in keinem Zusammenhang mit all den Anstrengungen, die zur Erzeugung von Qualität im Weinberg und im Keller unternommen werden. Sie stellen sogar die Definitionen von Terroir und Typizität in Frage. Daher kommt dem Verständnis der Zusammenhänge um die Entwicklung des Weins nach der Abfüllung die gleiche Bedeutung wie seiner Erzeugung zu. Die Einstellung, dass der Inhalt der Flasche wichtiger als ihr Verschluss sei, kann somit nicht unwidersprochen bleiben.

Während Jahrhunderten war der Kork der gängige Verschluss für Weinflaschen. Es konnte kein anderes Material verwendet werden, weil ein solches zu der Zeit, in der die ersten Weine in Flaschen gefüllt wurden, schlechthin nicht zur Verfügung stand. Insofern etablierte sich die Verwendung von Kork, unabhängig von allen qualitativen Erwägungen, als historische Notlösung. Sein Einsatz auf breiter Ebene wurde und wird damit gerechtfertigt, dass er durch seine moderate Gasdurchlässigkeit ein ideales Verschlussmaterial für Wein darstelle. Damit wird unterstellt, dass diese Gasdurchlässigkeit in beide Richtungen verläuft und die zwangsläufig damit verbundene Alterung dem Wein von Vorteil ist. Bei Rot- und Dessertweinen mag dies durchaus der Fall sein. Doch im Bereich der gängigen und fruchtigen Weißweine haben sich längst die Qualitätsvorstellungen verändert. Dort wird heute, ob man es sich eingesteht oder nicht, jeglicher Ausdruck oxidativer Alterung als negativ gewertet. Sie ist zu unterscheiden von einer Reifung, die auch ohne Einwirkung von Sauerstoff abläuft. Fakten sind eine Sache, kulturelle und marketingtechnische Aspekte eine andere. Der Mythos um den Kork kann keines der bestehenden Probleme lösen, wohl aber den technischen Fortschritt hemmen.

Es ist voraussehbar, dass die Mehrzahl der Abfüller in Zukunft gasdichtere Verschlüsse verwenden wird. Zumindest wird dem verschlussbedingten Sauerstoffeintrag, in Abhängigkeit von der Weinart, mehr Bedeutung beigemessen werden. Die Entwicklung synthetischer Verschlüsse hat begonnen, diese Anforderungen zu berücksichtigen. Naturkorken bleiben dabei nicht ausgeschlossen, denn ihre besten Vertreter können die Dichtigkeit des Schraubverschlusses durchaus erreichen.

Schraubverschluss – dicht, homogen und technisch anspruchsvoll

Über Jahrzehnte hinweg hat der Schraubverschluss seine Belastungsprobe bei Mineralwasser, Fruchtsäften und Erfrischungsgetränken bestanden. Aus diesem Grund dient er stets als Referenz, gegen die andere Verschlüsse verglichen werden. Mit seiner geringen Sauerstoffdurchlässigkeit steht er auch in der gewünschten Homogenität zur Verfügung.

Nachdem er durch Longcap-Versionen optisch aufgewertet und von seinem Billig-Image befreit wurde, konnten anfängliche Akzeptanzprobleme gemindert werden. Seine bislang erzielte Akzeptanz wird jedoch bedroht, wenn sich seine Verwendung, wie so oft beobachtet, auf billige Weine raschen Umschlags konzentriert.

Schraubverschlüsse weisen als homogene Industrieprodukte keine Streuung zwischen den Einzelstücken auf. Trotzdem gibt es Unterschiede, die im ungünstigsten Fall von Flasche zu Flasche auftreten können. Die für Wein bevorzugten Varianten mit zusätzlicher Zinnfolie in der Einlage sind gasdichter als solche mit ausschließlicher Kunststoffeinlage. Toleranzen oder gar Beschädigungen an der Flaschenmündung werden weniger toleriert als beim Naturkork (182). Ungenügender Anrolldruck durch schlecht justierte Verschließköpfe führt zu Ausläufern mit untolerierbar hohem Sauerstoffeintrag. Technische Unzulänglichkeiten dieser Art stehen in keinem Zusammenhang mit dem Verschluss als solchem; beim Schraubverschluss kompromittieren sie die Gasdichtigkeit jedoch ungleich stärker als bei den elastischeren Korken.

1.2.2 Einfluss der Phenolbelastung

Weineigene Phenole sind bekannt für ihre Eigenschaft, einen Teil des zutretenden Sauerstoffs abzufangen und in das weitere Oxidationsgeschehen einzubringen. Von den zur Bewertung der Flaschenverschlüsse verwendeten Weinen wurden die mit Naturkork verschlossenen Varianten daher auch unter dem Aspekt ihrer Phenolmatrix geruchlich miteinander verglichen. Für jeden Wein wurden der Standard, die

Tab. 2 Einfluss der Phenolmatrix auf die geruchlich wahrnehmbare Altersfirne zweier mit Naturkork verschlossener Weißweine

Auswertung nach der Rangziffernmethode; 18 Prüfer. Mit unterschiedlichen Buchstaben gekennzeichnete Rangziffern unterscheiden sich auf einem Signifikanzniveau von p = 0,05.

	Riesling	Neuzüchtung
Standard	1,583 A	1,583 A
+ 30 mg/l Flavonoide als Kernextrakt	1,750 A	2,500 A
+ 30 mg/l Flavonoide als Catechin	2,667 B	2,167 B

mit Catechin angereicherte Variante und die mit Kernextrakt versetzte Variante im direkten Vergleich miteinander bewertet. Tab. 2 zeigt die Ergebnisse.

Die Erhöhung des Gehalts an flavonoiden Phenolen, sei es durch Zusatz von reinem Catechin oder von Flavonoidextrakt aus Traubenkernen, führte zu einer systematischen Zunahme der geruchlichen wahrnehmbaren Altersfirne. Waren die gleichen Weine mit Schraubverschluss gelagert (Daten nicht dargestellt), ergab sich keine signifikante Abhängigkeit der Altersfirne vom Flavonoidgehalt.

Die Bedeutung der als solche geruchlosen flavonoiden Phenole für die Stabilität des Aromas ist somit sensorisch direkt nachvollziehbar. Durch unsachgemäße mechanische Belastung des Leseguts und Maischestandzeit werden sie aus den Kernen extrahiert, durch zu reduktive Vinifikation im Most konserviert und schließlich durch zu hohen Sauerstoffeintrag im filtrierten Wein sensorisch hervorgehoben. Damit ist der Zusammenhang zwischen Vinifikation und Haltbarkeit hergestellt. (Nähere Beschreibungen siehe Kapitel 6 und 7.)

Grundsätzlich sind alle phenolischen Substanzen in der Lage, mit Sauerstoff zu reagieren und ihn in nachgelagerte Oxidationsreaktionen einzubringen. Im Weißwein sind es jedoch insbesondere die flavonoiden Phenole, welche die oxidative Alterung beschleunigen. Es besteht ein enger Zusammenhang zwischen der aromatischen Stabilität und dem Gehalt an Flavonoiden (147), aber kein Zusammenhang mit dem Gesamtphenolgehalt.

Phenolischen Substanzen, und insbesondere den im Tannin der Rotweine reichlich vorhandenen flavonoiden Phenolen, wird eine gesundheitlich positive Wirkung zugeschrieben. Sie erklärt sich aus der Eigenschaft dieser Phenole, freie Sauerstoffradikale abfangen zu können und dadurch vor oxidativem Stress zu schützen. Dieser Effekt, bekannt in Rotwein und im menschlichen Organismus, stellt sich in der Matrix von Weißwein nicht ein. Phenole katalysieren vielmehr den oxidativen Verderb der Weißweine.

1.2.3 Einfluss der Lagertemperatur

Da alle chemischen Reaktionen bei Wärme beschleunigt werden, war der Einfluss der Lagertemperatur Gegenstand weiterer Untersuchungen. Zu diesem Zweck wurden verschiedene, mit Kork verschlossene Weißweine aus der laufenden Produktion während zehn Monaten liegend bei drei verschiedenen Temperaturstufen gelagert: 12, 17 und 22° C. Die sensorische Auswertung umfasste hier die Intensität des Fruchtaromas anhand einer Skala von 0 bis 5 Punkten. Die Resultate gehen aus Abb. 3 hervor. Sie belegen eindeutig, dass mit zunehmender Temperatur im Flaschenlager die Fruchtaromatik abnimmt. Zwischen der höchsten und der niedrigsten Temperaturstufe – mit 10° C Unterschied – waren die Unterschiede stets hoch signifikant.

Ein ähnlicher Versuch wurde mit einem Riesling durchgeführt, bei dem Lagertemperatur und Phenolgehalt gleichzeitig variiert wurden. Flavonoide Phenole aus Schalenextrakt wurden dem abgefüllten Wein zugegeben und die Flaschen nach Überschichtung mit Stickstoff umgehend wieder verschlossen. Abb. 4 zeigt die Ausprägung der Altersfirne nach nur vier Monaten Flaschenlager mit Korkver-

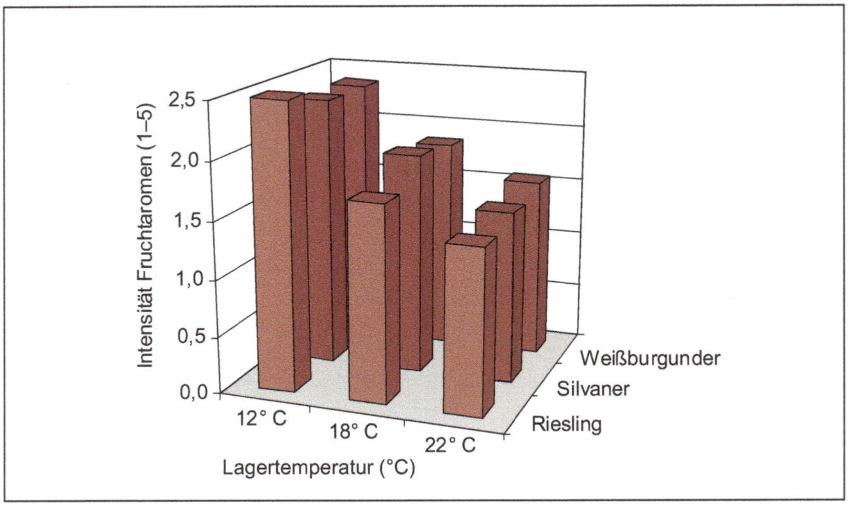

Abb. 3: Abhängigkeit der sensorisch wahrnehmbaren Fruchtaromen dreier abgefüllter Weißweine nach zehn Monaten; Lagerung bei verschiedenen Temperaturen

schluss. Flavonoide und Wärme wirken kumulativ in Hinblick auf den Verlust des Fruchtaromas. In warm gelagerten Weinen sind erhöhte Flavonoidgehalte schädigender als unter kalten Lagerbedingungen. Die mit Abstand beste Haltbarkeit war bei geringem Flavonoidgehalt und kalter Lagerung zu verzeichnen.

Obwohl eine warme Lagerung zu einer tendenziell geringeren Sauerstoffaufnahme durch den Kork als eine kalte Lagerung führt (Abb. 1), beschleunigt sie den Zerfall der Fruchtaromatik. Der Effekt der Temperatur ist schwerwiegender als der Effekt des Sauerstoffeintrags.

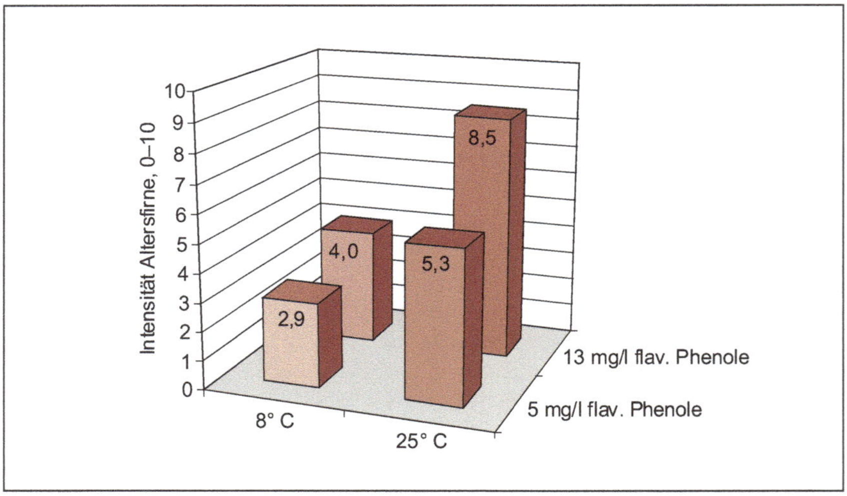

Abb. 4: Einfluss von Temperatur und Phenolgehalt auf die Entstehung von Altersfirne bei Riesling; Effekte nach vier Monaten Flaschenlagerung mit Korkverschluss

Aus der Fülle des Zahlenmaterials unterschiedlichster Lagerversuche konnten noch weitere Gesetzmäßigkeiten abgeleitet werden: Die Entstehung eines Petroltons (161), fast nur bei Riesling bekannt und innerhalb gewisser Grenzen der Qualität nicht unbedingt abträglich, wird gleichermaßen durch Wärme gefördert, soweit der Wein dazu eine Veranlagung aufweist. Entstehung von Adstringens und Verluste an Kohlensäure nehmen ebenfalls mit der Lagertemperatur deutlich zu.

Ein unkontrolliert warmes Flaschenlager ist eine der häufigsten Ursachen frühzeitiger Alterung fruchtiger Weißweine. Konkret handelt es sich dabei um nichts anderes als um Hitzeschäden. Diese fürchtet man bei der gezielten Wärmebehandlung wie der Hochkurzzeiterhitzung von Weinen, aber man vernachlässigt sie bei ihrer Lagerung. Entscheidend ist das Zusammenwirken von absoluter Höhe der Temperatur und der Dauer ihrer Einwirkung. Die langfristige Lagerung bei leicht erhöhten Temperaturen von 20–25° C ist schädigender als eine kurzfristige Temperaturspitze von 75° C während einer Kurzzeithocherhitzung. Nur bei mit neuer Eiche ausgebauten Weinen mögen die Verhältnisse anders liegen (33).

Es ist sinnlos, die Aromaintensität durch önologische Spitzentechnologie während der Vinifikation ins Extrem zu treiben, wenn das so gewonnene Aroma nicht erhalten werden kann. Der Temperaturkontrolle des Lagers kommt eine ähnliche Bedeutung wie der Temperaturüberwachung während der Gärung zu. Die optimale Lagertemperatur für Weißwein liegt deutlich unter 10° C. Unglücklicherweise ist der Schwerpunkt des Bestrebens einseitig zur Gärkühlung hin verschoben, sodass man – nicht frei von einer gewissen Polemik – unterstellen kann: Im Herbst wird das Aroma erzeugt, im Flaschenlager wird es zerstört.

1.2.4 Einfluss der schwefligen Säure

Schweflige Säure ist in der Weinbereitung das universelle Reduktionsmittel schlechthin. Nur ihre freie Form schützt vor Oxidation, wobei eine gewisse Abhängigkeit vom pH-Wert zu beachten ist. Der Rest ist an Acetaldehyd und andere Substanzen gebunden. Durch die Bindung an Acetaldehyd verliert dieser seinen charakteristischen Eigengeruch.

Aufgrund ihres stechenden Eigengeruchs sind den Gehalten freier SO_2 natürliche oder gar legale Grenzen gesetzt. Innerhalb dieser Grenzen ergeben sich nur geringe Unterschiede für die sensorische Stabilität abgefüllter Weine. Probleme mit frühzeitiger oxidativer Alterung können daher nicht gelöst werden, indem man zum Beispiel mit 60 statt mit 40 mg/l freier SO_2 abfüllt. Entscheidend ist, dass der Wein überhaupt freie SO_2 enthält. Erst wenn sie vollkommen verschwunden ist, zum Beispiel durch Oxidation mit Sauerstoff, treten schwerwiegende Oxidationsschäden auf, die sich bei weiterer Lagerung ohne freie SO_2 rapide verstärken.

Die völlige Abwesenheit freier SO_2 ist am frühesten an dem Auftreten eines sogenannten Lufttons zu erkennen. Er erinnert geruchlich an Apfelmus oder Sherry und ist auf das Vorliegen freien Acetaldehyds zurückzuführen. Erst wenn das letzte mg/l freier SO_2 verschwunden ist, wird das erste mg/l Acetaldehyd freigesetzt. Freie SO_2 und Luftton schließen sich gegenseitig aus.

Luftton und Altersfirne dürfen nicht miteinander verwechselt werden. Der Luftton ist ein reversibler Weinfehler. Durch Aufschwefeln verschwindet er innerhalb weniger Minuten, sobald der freie Acetaldehyd abgebunden ist. Die Altersfirne hingegen kann trotz gängigen Gehalten an freier SO_2 entstehen und durch ein Nachschwefeln nicht behoben werden. Ein Luftton beschleunigt stets die Altersfirne, aber die Altersfirne impliziert nicht zwangsläufig einen Luftton.

Um während längerer Flaschenlagerung das Auftreten eines Lufttons mit all seinen desaströsen Konsequenzen zu vermeiden, sollte der Gehalt an freier SO_2 beim Abfüllen der Sauerstoffdurchlässigkeit des Flaschenverschlusses angepasst werden. Unter diesem Aspekt erfordert die Abfüllung mit Korken tendenziell höhere SO_2-Gehalte als die mit Schraubverschlüssen.

1.2.5 Einfluss von Ascorbinsäure

Ascorbinsäure, umgangssprachlich auch Vitamin C genannt, ist ein natürlicher Inhaltsstoff der Trauben. Während der Verarbeitung verschwindet sie jedoch vollständig durch Oxidation, sodass Weine von Natur aus keine Ascorbinsäure mehr enthalten. Ihre Zulassung zur Weinbereitung erfolgte vor dem Hintergrund, ihre bekannten Eigenschaften als Reduktonsmittel zu nutzen und damit die reduktive Wirkung der schwefligen Säure zu unterstützen. Ihre Wirkung in Hinblick auf die oxidative Alterung von Weißwein ist jedoch nicht unumstritten.

Ascorbinsäure reagiert spontan mit zutretendem Sauerstoff und wird dabei zur wirkungslosen Dehydro-Ascorbinsäure oxidiert, während der Sauerstoff selbst zu Wasserstoffperoxid reduziert wird. Der größte Teil des so gebildeten Peroxids setzt sich spontan mit schwefliger Säure um, die ihrerseits zu Sulfat oxidiert wird (77, 78). Ein Rest geht in Reaktionen mit anderen Weininhaltsstoffen ein. Ascorbinsäure bringt Sauerstoff also nicht spurlos zum Verschwinden, sondern überträgt ihn nur auf andere Weinbestandteile.

In letzter Konsequenz endet der Sauerstoff dort, wo er auch ohne Ascorbinsäure anlangen würde. Allein der Reaktionsmechanismus ist ein anderer. Diese Tatsache und das Wissen um die starke Oxidationskraft intermediärer Peroxide ließen immer wieder Zweifel an der langfristigen Wirkung der Ascorbinsäure als Reduktionsmittel im Wein aufkommen und nährten Thesen, dass sie mittelfristig sogar der Oxidation förderlich sei (90). Andererseits ist unbestritten, dass oxidierte Weine damit aufgefrischt werden können. Dieser augenscheinliche Widerspruch deutet darauf hin, dass Ascorbinsäure in Abhängigkeit von Alter und Oxidationszustand des Weins entweder reduktiv oder oxidativ wirkt (113).

In der Tat konnte nachgewiesen werden, dass eine anfänglich reduktive Wirkung mit zunehmender Alterung in eine oxidative Wirkung umschlägt (11, 12). Doch wann ist dieser Zeitpunkt gekommen? Erst in jüngerer Zeit konnte durch ausgedehnte Lagerversuche mit Weißweinen gezeigt werden, dass bis zu fünf Jahre nach der Abfüllung mit Kork- oder Schraubverschluss keine Beschleunigung der oxidativen Alterung eintritt, aber auch keine wesentlichen Vorteile hinsichtlich der geruchlich umsetzbaren Fruchtigkeit in den mit Ascorbinsäure abgefüllten Varianten (173).

Die weit verbreitete Meinung, dass Ascorbinsäure die Alterung des Weins hemmt, bezieht sich somit auf eine andere Art von Alterung, den sogenannten UTA. Die mangelnde sensorische Differenzierung zwischen UTA und Altersfirne mag mit dafür verantwortlich sein, dass die Aussagen über den alterungshemmenden Effekt der Ascorbinsäure so widersprüchlich sind.

1.3 Untypischer Alterungston (UTA)

Der untypische Alterungston (UTA) zählt zu den häufigsten Weinfehlern weltweit. Der an Mottenkugeln, Bohnerwachs und Waschmaschine erinnernde Geruch der befallenen Weine lässt die gesuchten fruchtig-floralen Aromen oder das Sortenaroma im weitesten Sinn vermissen. Durch hohe Gehalte an freier SO_2 wird dieser Sinneseindruck verstärkt. Im Geschmack präsentieren sich die Weine meist dünn mit einer im Alter zunehmend bitteren Geschmackskomponente.

Der UTA ist ausschließlich auf weinbauliche Ursachen zurückzuführen (180). Zu den auslösenden Faktoren zählen hoher Ertrag, mangelnde Versorgung des Bodens, Lese vor der physiologischen Vollreife, Trockenstress und UV-Strahlung des Sonnenlichts. Durch Begrünung wird eine Neigung zum UTA weiter verschärft. Die Ursachen sind meist multikausaler Natur. Durch gezielte Bewässerung lässt sich die UTA-Problematik jedoch erheblich mindern.

Entsprechendes Lesegut weist geringe Gehalte an hefeverwertbarem Stickstoff auf. Niedrige Most-Stickstoffwerte können somit einen Hinweis auf ein mögliches UTA-Potenzial liefern. Dieser Zusammenhang ist jedoch nicht kausaler Natur. Deshalb kann eine Stickstoffkorrektur durch Zusatz von Gärsalz oder komplexen Hefenährstoffen zum Most eine Neigung zum UTA nicht mindern.

Verantwortlich für die Sinneswahrnehmung sind eine Substanz namens 2-Aminoacetophenon und einige Begleitstoffe sekundärer Bedeutung. Sie entstehen aus der geruchlosen Indolessigsäure (26). Bei dieser handelt es sich um ein Pflanzenhormon, welches unter Bedingungen weinbaulichen Stresses verstärkt in den Beeren eingelagert wird. Mit zunehmender physiologischer Reife nimmt ihr Gehalt ab, wobei ein Zusammenhang mit dem Mostgewicht in Zeiten des Klimawandels immer weniger gegeben ist. Der UTA ist in erster Linie ein Ausdruck mangelnder aromatischer Reife.

Die Umsetzung der Indolessigsäure zu dem sensorisch aktiven 2-Aminoacetophenon erfolgt auf zwei Wegen:

- Mikrobiologisch durch einige wilde Hefen, wenn diese einen Most aus gestressten und überlasteten Weingärten oder unreifem Lesegut vergären müssen. Saccharomyces-Stämme bzw. Reinzuchthefen sind dazu nicht in der Lage, so dass die Bildung von 2 Aminoacetophenon durch die Gärung ohne große Bedeutung ist.

- Chemisch durch Sauerstoffradikale, die bei der Oxidation von schwefliger Säure entstehen. Dieser Bildungsweg ist technisch und sensorisch von größerer Bedeutung und erklärt, warum der UTA in der Regel erst nach dem Aufschwefeln der Jungweine entsteht. Dies kann im Extremfall innerhalb weniger Tage geschehen. Insofern ist der UTA nicht unbedingt ein Alterungston, sondern ein oft schon frühzeitig auftretender Aromadefekt. Vorübergehend kann der UTA durch Gäraromen überdeckt werden und tritt erst in Erscheinung, wenn diese zerfallen oder durch strapaziöse Weinbehandlung ausgetrieben sind.

Es muss ausdrücklich darauf hingewiesen werden, dass die Bildung der Sauerstoffradikale hier nicht an eine Oxidation durch Zutritt von atmosphärischem Sauerstoff geknüpft ist. Sie entstehen auch, wenn Weininhaltsstoffe durch die schweflige

Säure reduziert werden. Ein direkter Zusammenhang mit oxidativem bzw. reduktivem Ausbau nach der Gärung besteht nicht.

In Rotweinen werden die involvierten Sauerstoffradikale durch das Tannin abgefangen. Deshalb ist dort der UTA unbekannt. Er beschränkt sich auf Weiß- und Roséweine, denen Tannin weitgehend fehlt.

In Grenzsituationen können verschiedene önologische Maßnahmen das Auftreten eines UTA verhindern, verzögern oder in seiner Intensität verringern. Dazu zählen die Maischestandzeit, eine reduktive Mostverarbeitung oder gar der Zusatz von handelsüblichem Tannin. Diese Maßnahmen erhöhen den Gehalt an Phenolen, ohne dass diese aber nur annähernd die in Rotwein vorliegenden Gehalte erreichen. Dementsprechend wirken sie nur mit geringer Effizienz. Eher erhält man gerbigbittere Weine mit erhöhter Neigung zur oxidativen Alterung. Die Entwicklung des Weins wird vom UTA weg hin zur Ausbildung von Altersfirne (Kapitel 1.2) und Gerbigkeit (Kapitel 6) gelenkt.

Getrennt vergorener Mosttrub weist eine stärkere Neigung zum UTA auf als der entsprechende, durch Mostvorklärung gewonnene Wein. Ein Teil der Vorläuferstufen des UTA ist offensichtlich an Mosttrub gebunden und wird mit diesem entfernt. Deshalb ist eine scharfe Mostvorklärung ein zusätzlicher Schritt zur Verringerung des UTA-Potenzials. Keine der angeführten Maßnahmen bietet jedoch eine durchgreifende Lösung zur Verhinderung von UTA, wenn entsprechend vorbelastetes Lesegut verarbeitet wird.

Ascorbinsäure wirkt präventiv

Eine dem Tannin vergleichbare Wirkung weist die Ascorbinsäure auf. Sie ist in der Lage, die aus der Oxidation der schwefligen Säure entstehenden Sauerstoffradikale abzufangen und dadurch den UTA weitgehend zu verhindern. Keinesfalls kann sie einen bereits bestehenden UTA beseitigen oder mindern. Ihre Wirkung ist ausschließlich vorbeugender Natur. Ihre präventive Anwendung empfiehlt sich in Jungweinen mit ausgewiesenem UTA-Potenzial. Die Neigung eines Jungweins zum UTA kann labortechnisch mittels eines beschleunigten Alterungstests in der Wärme innerhalb weniger Tage erkannt werden.

Mit dem Aufschwefeln des Jungweins werden die Reaktionen ausgelöst, die zum UTA führen. Deshalb ist es wichtig, belastete Weine möglichst frühzeitig mit Ascorbinsäure (10–20 g/hl) zu behandeln, am besten direkt in Verbindung mit dem Aufschwefeln. Aber auch zu einem späteren Zeitpunkt kann damit die Bildung von UTA oder die Intensivierung eines bereits bestehenden UTA unterbunden werden. Keinesfalls lässt sich jedoch ein schon vorliegender UTA mit kellertechnischen Instrumenten entfernen. Die dem Fehlton zugrunde liegenden Moleküle sind chemisch inert und reagieren mit keinerlei Schönungsmitteln. Trotzdem führen gegenteilige Versprechungen irreführender Werbung immer wieder zu erfolglosen Behandlungsversuchen. Dabei tritt stets eine Verarmung des Weins an positiven Aromastoffen ein – mit der Folge, dass der UTA noch stärker in Erscheinung tritt. Die Gründe hierfür werden in Kapitel 5 erklärt.

Mit Ausnahme der Anwendung von Ascorbinsäure bestehen zur Zeit keine weiteren kellertechnischen Möglichkeiten, das Auftreten von UTA in belasteten Weinen wirkungsvoll zu verhindern. Dennoch werden solche Weine nie „große“ Weine, sondern bleiben selbst ohne UTA dünn und ausdruckslos. In der Praxis geht ein UTA-Potenzial häufig mit einer Neigung zur Böckserbildung einher, die in Anwesenheit von Ascorbinsäure weiter verschärft wird. Böckser werden meist mit Kupferionen beseitigt, die in Form von Kupfersulfat eingebracht werden. Ascorbinsäure verringert wiederum die Löslichkeit von Kupfer um ca. 30 %. Daraus resultieren zusätzliche Probleme. Für Betriebe mit einem chronischen UTA-Problem kann deshalb Ascorbinsäure nur eine vorübergehende Lösung sein. Da der UTA eindeutig und ausschließlich weinbaulicher Ursache ist, muss eine langfristige Abhilfe im Anbau gesucht werden.

1.4 Lagerböckser

Es mag verwunderlich erscheinen, Böckser als eine eigenständige Variante der Alterung abzugrenzen. Gemeinhin sieht man sie als einen Fehler in der Phase des Jungweins an, während der man sie gezielt sucht, kritisch ablehnt und eventuell behandelt. Ungleich nachsichtiger und oft sogar mit wohlwollender Toleranz steht man ihnen gegenüber, wenn sie erst viele Monate nach der Abfüllung als Lagerböckser auftreten, manchmal in bereits hoch prämierten Weinen. Es entbehrt nicht einer gewissen Pikanz, dass geringste Böckser zur systematischen Ablehnung bei der Qualitätsweinprüfung führen, während sie in einem anderen Probenkontext akzeptiert, ignoriert, als reduktive Noten schön geredet oder gar als Terroir euphemistisch hochstilisiert werden. Es ist eine besondere Tugend der deutschen Sprache, dass sie immer noch den präzisen Begriff des Böcksers bereithält. Ein solcher liegt vor, wenn der Wein nach verbranntem Gummi, faulen Eiern oder abgehangenem Schinken riecht.

Alle Arten von Böcksern sind in letzter Konsequenz nichts anderes als die Antwort der Hefe auf eine Unterversorgung mit Stickstoff. Zahlreiche andere Faktoren wie Schwefelung vor der Gärung, ungenügende Mostvorklärung und reduktiver Ausbau tragen das Ihrige dazu bei (39, 118, 123, 153, 193, 197). Unter solchen Bedingungen produziert die Hefe ein breites Spektrum flüchtiger Schwefelverbindungen. Die meisten von ihnen entstehen während oder alsbald nach der Gärung. Dazu zählen Schwefelwasserstoff und die daraus mit einer zeitlichen Verzögerung entstehenden Reaktionsprodukte wie Mercaptane, Disulfide, zyklische S-Verbindungen usw.

Unproblematische Jungweinböckser

Im Allgemeinen werden diese Moleküle aufgrund ihres intensiven Geruchs vor der Abfüllung als Böckser erkannt und mit der notwendigen, experimentell ermittelten Menge an Kupferionen (Cu+) in Form von Kupfersulfat entfernt. Kupfersulfat kann prinzipiell auch durch andere Kupfersalze wie Kupfercitrat ersetzt werden. Da aber allein das Kupferion aktiv ist, spielt es eine untergeordnete Rolle, in welcher Form es eingebracht wird. Die alternative Anwendung von Silberchlorid hat mangels Vorteile ihre Bedeutung verloren. Das belüftende Umpumpen stellt eine archaische, wenngleich oft wirksame Methode der Böckserbehandlung dar. Für Rotweine brauchbar, impliziert sie in Weißweinen überaus starke Aromaverluste und ist somit stets strapaziöser als die Behandlung mit Kupfersulfat.

Leichte Böckser sind im Jungwein eine fast banale Erscheinung. Oft wird ihnen jedoch mehr Bedeutung beigemessen, als sie verdienen. Ihr Vorliegen ist keine Schande, wohl aber ihre ungenügende Identifizierung und Beseitigung. Die meisten von ihnen sind durch Zugabe der geringen Menge von 0,1 g/hl Kupfersulfat, entsprechend 0,25 mg/l Cu^+, elegant und tatsächlich produktschonend zu beseitigen, ohne dass die Stabilitätsgrenze des Kupfers von 0,5 mg/l Cu^+ überschritten wird. Bei der Berechnung ist zu bedenken, dass Kupfersulfat nur zu einem Viertel aus aktivem und analytisch gemessenem Kupfer besteht.

Böckser durch Alterung

Wie erklärt es sich, dass einst saubere Jungweine noch lange nach der Abfüllung einen Lagerböckser ausbilden können? Über die direkt riechbaren flüchtigen Schwefelverbindungen hinaus produziert die Hefe auch solche, die praktisch geruchlos sind. Dabei handelt es sich um die Ethyl- und Methylester der Thioessigsäure. Wie die meisten Ester haben sie die Eigenschaft, durch Hydrolyse im sauren pH-Bereich des Weins langsam zu zerfallen. Dabei entstehen die bereits erwähnten Mercaptane, die als äußerst übel riechende Bestandteile der Böckser bekannt sind. Sind nun genügend hohe Ausgangsgehalte an Thioessigsäureestern und eine entsprechend lange Zeit zu ihrem Zerfall gegeben, werden Mercaptane in Konzentrationen freigesetzt, die den Geruchsschwellenwert überschreiten (123). Dies ist die Ursache spät entstehender Lagerböckser. Sie entwickeln sich während der Weinalterung aus geruchlosen Vorläuferstufen. Unter Einfluss von Licht in weißem Glas wird diese Entwicklung zusätzlich gefördert.

Im Gegensatz zu den meisten der geruchlich aktiven Böckser-Verbindungen reagieren die Thioessigsäureester nicht mit Kupferionen oder Sauerstoff. Aus diesem Grund können sie auch nicht mit Kupfersulfat präventiv entfernt werden. Bildet ein bereits mit Kupfersulfat behandelter Jungwein in einer späteren Phase erneut Böckser, kann diesem Problem keineswegs durch eine erhöhte Dosage von Kupfersulfat vorgebeugt werden. Kupfersulfat beseitigt nur Böckser, die bereits als solche vorliegen, nicht jedoch ihre geruchlosen Vorläuferstufen. Deshalb kann in problematischen Weinen durchaus eine mehrmalige Dosage geringer und genau abgestimmter Mengen an Kupfersulfat notwendig sein.

Lagerböckser treten heute ungleich häufiger als früher auf, weil die Gehalte an Hefe-verwertbarem Stickstoff im Most geringer sind, die Weine kaum noch natürliches Kupfer enthalten, reduktiver ausgebaut und zunehmend mehr mit Schraubverschluss abgefüllt werden. Der Mangel an Kupfer erklärt sich durch den nahezu vollständigen Ersatz der alten Messingarmaturen durch solche aus Edelstahl. Aus dem Weinberg oder der Traubenverarbeitung herrührendes Kupfer wird während der Gärung vollständig ausgeschieden und findet sich im Hefegeläger wieder, mit dem es abgetrennt wird. Daher weisen frisch vergorene Weine praktisch kein Kupfer auf (94). Die Gasdichtigkeit der Schraubverschlüsse schließlich versagt dem Wein die Aufnahme von atmosphärischem Sauerstoff, wie man sie von den meisten Korken her kennt und die der Bildung unterschwelliger Böckser auf der Flasche entgegenwirken kann.

Wohl bemerkt ist der Schraubverschluss als solches nicht für das Entstehen von Lagerböcksern verantwortlich. In Verbindung mit anderen, dem Böckser förderlichen Faktoren wie Kupferkarenz und Licht verstärkt er jedoch die Neigung zur Böckserbildung, sofern der Wein grundsätzlich ein Potenzial dazu aufweist.

Kupfermanagement

Der Einsatz von Kupfersulfat kann die Kupferkarenz der Weine beheben. Doch haftet ihm ein schlechtes Image an, da man ihm eine Verarmung des Aromas nachsagt.

Leider entspricht diese Annahme einer äußerst emotionalen Pauschalisierung unter völliger Verkennung der realen Größenordnungen. Warum? Im Zeitalter der Messingarmaturen enthielten die meisten Weine 0,2–0,5 mg/l Kupfer (als Cu^+) und manchmal auch mehr, mit Kupfertrübungen als Folge. Niemand sprach dabei von Aromaeinbußen. Weine von mit Edelstahl ausgestatteten Kellern enthalten nur noch 0,0–0,1 mg/l Kupfer. Bei solchen Weinen bewirkt die Dosage von 0,1 g/hl Kupfersulfat, entsprechend 0,25 mg/l Kupfer nicht mehr, als dass die Situation aus dem Zeitalter der Messingarmaturen wiederhergestellt wird. Wie so oft in der Önologie ist auch hier alles eine Frage der Größenordnung.

Grundsätzlich wirkt Kupfer recht spezifisch auf böckserige Verbindungen. Aromaverluste werden aber zwangsläufig dann registriert, wenn, wie in der Praxis häufig beobachtet, auch unterschwellige Noten von verbranntem Gummi oder abgehangenem Fleisch als positives Aroma interpretiert werden. Die einzige bisher bekannte Rebsorte, deren Primäraroma durch Kupfer in Mitleidenschaft gezogen wird, ist der Sauvignon blanc. Der Grund hierfür sind die an dessen Aroma beteiligten Thiol-Verbindungen, deren HS-Gruppe ebenso mit Kupfer reagiert wie die der schwefelhaltigen Verbindungen, die Böckser hervorrufen.

Das schlechte Image des Einsatzes von Kupfersulfat resultiert auch aus oft schlecht durchgeführten Begleitmaßnahmen einer solchen Behandlung. Die späte Behandlung starker Böckser vor dem Abfüllen erfordert häufig strapaziöse Eingriffe wie Rühren, Blauschönung und eine zusätzliche Filtration, welche als solche und völlig unabhängig von dem eingesetzten Kupfersulfat zu tatsächlichen Aromaeinbußen führen (siehe hierzu Kapitel 5).

Es ist nicht zulässig, vermeidbare Folgeschäden einer schlecht durchgeführten Böckserbehandlung auf die präventive Dosage homöopathisch geringer Mengen von Kupfersulfat zu übertragen. Vor dem Abfüllen durchgeführt, erweist sich die gezielte Gabe exakt bemessener Mengen von Kupfersulfat (0,1 g/hl) als äußerst wirksam gegen Lagerböckser. Die mit der letzten Filtration vor dem Abfüllen verbundene Durchmischung kann dabei elegant ein belastendes Rühren ersetzen. Daher lässt sich diese Behandlung ohne Qualitätseinbußen durchführen. Im Einzelfall kann die analytische Ermittlung des tatsächlichen Kupfergehalts nützliche Dienste leisten, damit die Stabilitätsgrenze von 0,5 mg/l Cu^+ nicht überschritten wird.

Die geringe Kupfermenge in der Flasche fängt spätere Böckser in dem Maße ab, wie sie entstehen, und erhält die Reintönigkeit der Weine. Sie bringt bereits gebildete Lagerböckser meist spontan zum Verschwinden und führt dazu, dass sie im direkten Vergleich mit der unbehandelten Probe überhaupt als solche erkannt werden. Eine solche Aromastabilisierung durch gezieltes Kupfermanagement im Spurenbereich kann vor der Abfüllung mit Schraubverschluss besonders wichtig werden. Andernfalls manövriert man sich leicht in eine Situation, in der Probleme mit frühzeitiger oxidativer Alterung durch solche mit Lagerböcksern ersetzt werden.

2 Aufnahme von Sauerstoff im Keller

2.1 Bedeutung von Oberfläche und Behandlungsmaßnahmen

Wie die Lagerversuche mit Flaschenverschlüssen unterschiedlicher Gasdurchlässigkeit zeigten, sind Weißweine äußerst oxidationsempfindliche Produkte. Die schweflige Säure schützt sie nur bedingt gegen oxidative Alterung. Bei alledem spielt der Zeitpunkt der Sauerstoffaufnahme eine entscheidende Rolle. In späteren Kapiteln soll gezeigt werden, dass die Oxidation weißer Moste der Haltbarkeit des späteren Weins eher förderlich ist, und wie die Anwesenheit von Feinhefe nach der Gärung den Wein vor Oxidation schützt. Es sind in erster Linie geklärte Weißweine, die vor einer unkontrollierten Sauerstoffaufnahme geschützt werden müssen. Die zwischen Filtration und Abfüllung aufgenommenen Sauerstoffmengen addieren sich mit all ihren sensorischen Konsequenzen zu denen, die während des späteren Flaschenlagers hinzutreten. Daher drängt sich eine Bilanzierung des Sauerstoffeintrags im Keller und bei der Abfüllung auf, bevor auf die Folgen und praktischen Gegenmaßnahmen eingegangen wird.

Damit Sauerstoff aus der Atmosphäre in den Wein diffundieren kann, ist eine Flüssigkeitsoberfläche, die statischer oder turbulenter Natur sein kann, erforderlich. Statische Oberflächen liegen in teilbefüllten Gebinden vor. Werden solche gerührt, entsteht eine turbulente Oberfläche, die ebenso beim Fließen des Weins durch schlecht entlüftete Leitungen, Filter oder Pumpen zu finden ist.

Die Geschwindigkeit, mit der atmosphärischer Sauerstoff in den Wein übergeht, und die Menge, die sich darin löst, hängen von einigen physikalischen Grundgesetzen ab, unter denen Temperatur und Druck eine herausragende Bedeutung zukommt (124). Messungen in Wein haben gezeigt, dass bei 12° C pro Stunde ca. 200 mg O_2/m^2 in die ruhende Flüssigkeit diffundieren (125); bei bewegter Oberfläche handelt es sich diesbezüglich um ein Vielfaches. Die sich daraus ergebenden Konsequenzen sind abhängig von dem Weinvolumen, in dem sich der Sauerstoff verteilt. Auf den Liter umgerechnet werden kleine Gebinde durch das Vorliegen einer austauschaktiven Oberfläche oder technische Behandlungsmaßnahmen stärker mit Sauerstoff belastet als solche größeren Flüssigkeitsvolumens. Ausschlaggebend ist nicht das Volumen oder die Höhe des Kopfraums, sondern allein die Größe der Oberfläche und ihr Verhältnis zum Inhalt des Gebindes.

Für den Praktiker ist wichtig, dass über nicht konsequent beigefüllte Behälter unkontrollierbar hohe Mengen Sauerstoff in den Wein gelangen können. Aber auch bei jeder Behandlung und Bewegung des Weins im weitesten Sinn erfolgt eine Aufnahme von Sauerstoff. Die Effekte einzelner Vorgänge und Behandlungen addieren sich.

Die prozessbedingte Sauerstoffaufnahme hängt erheblich von der momentan noch vorhandenen Kohlensäure ab. Beim Befüllen von oben ist die Sauerstoffaufnahme höher, wenn der Wein bereits weitgehend seine Gärungskohlensäure verloren hat. Sie ist geringer, wenn durch ein Entbinden von Kohlensäure ein Teil des im Kopfraum enthaltenen Sauerstoffs ausgewaschen wird. Während des unterschichtigen Umlagerns CO_2-haltiger Jungweine ist praktisch keine Aufnahme von Sauerstoff messbar, weil er durch eine gleichzeitige CO_2-Entbindung ausgewaschen bzw. durch Feinhefe gezehrt wird.

Tab. 3 zeigt durchschnittliche Werte der Sauerstoffaufnahme, die bei verschiedenen Behandlungen während Ausbau und Lagerung eintritt. Die Angaben beziehen sich auf Weine bei durchschnittlicher Kellertemperatur, die ihre natürliche Gärungskohlensäure weitgehend verloren haben. Insofern kann es sich nur um Richtwerte handeln, die erheblichen betriebsspezifischen Schwankungen unterliegen (102, 186, 187, 188). Einige der angeführten Behandlungsmaßnahmen, die in der Praxis oft unbewusst durchgeführt werden, führen dem Wein Sauerstoffmengen bis zu der Größenordnung einer Sättigungskonzentration zu. Dazu zählt unter anderem das Befüllen der Gebinde von oben und der Transport in teilbefüllten Tanks.

Vorgang	O_2, mg/l
Umlagern, Einlauf unten	1
Umlagern mit gelockerter Saugleitung	7
Umlagern, Einlauf oben, über Auslaufbogen	3
Umlagern, Einlauf oben, über Reißrohr	7
Zentrifugation	2
Filtration	2
Cross-Flow-Filtration, offener Vorlaufbehälter	5
Rühren	3
Transport in teilbefüllten Tanks	5
Abfüllung	1
Lagerung im Holzfass, pro Jahr	10
Lagerung im Barrique, pro Jahr	30

Tab. 3: Durchschnittliche O_2-Aufnahme durch kellertechnische Behandlungsmaßnahmen im Klein- und Mittelbetrieb

Unter gängigen Bedingungen werden fruchtige Weißweine im Tank ausgebaut und wenige Monate nach Abschluss der alkoholischen Gärung abgefüllt. Bis zur Bereitstellung zur Abfüllung erfolgt im Allgemeinen ein Abstich durch Befüllen von unten, eine Schönung in Verbindung mit Rühren, zwei Filtrationen und mindestens ein zusätzliches Umlagern im Rahmen von Verschnitten oder Beifüllen. Summiert man die mit all diesen Vorgängen verbundene Sauerstoffaufnahme, kommt man leicht auf 10 mg/l O_2. Dies kann ein Weißwein während eines schonend durchgeführten Ausbaus im Tank vor seiner Abfüllung aufnehmen. Davon entfällt die Hälfte auf die Phase des hefetrüben Jungweins, während der aufgenommene Sauerstoff durch Feinhefe gezehrt wird (siehe hierzu Kapitel 4.2). Die verbleibenden 5 mg/l oxidieren Weininhaltsstoffe und werden sensorisch relevant.

Die Menge des aufgenommenen Sauerstoffs kann sich unkontrolliert vervielfachen, wenn der Wein strapaziös behandelt wird, wie es oft unbewusst durch Stürzen über Luft beim Befüllen der Gebinde, Lagerung im Anbruch oder Transport in teilbefüllten Behältern geschieht. So wird die oxidative Alterung bereits vor der Abfüllung induziert. In Kapitel 5 wird aufgezeigt, wie die Sauerstoffaufnahme im Keller durch handwerkliche Regeln schonender Weinbereitung eingeschränkt werden kann.

Die Ermittlung der prozessbedingten Sauerstoffaufnahme kann im Einzelfall wertvolle Informationen liefern, wenn sie als betriebliche Stufenkontrolle erfolgt. Auf diesem Weg können betriebsspezifische Schwachstellen leicht erkannt werden. Solche Bestimmungen müssen zeitnah an Ort und Stelle erfolgen. Die modernen, tragbaren Sauerstoffmessgeräte mit einer Genauigkeit von ±0,1 mg/l leisten dabei eine wertvolle Hilfe. Entnahme, Transport und Lagerung von Proben verfälschen die Werte, wodurch sich Laborbestimmungen problematisch gestalten.

2.2 Sauerstoffaufnahme beim Abfüllen

Die meisten Weine werden mittels Unterdruckfüller ohne Schutz durch Inertgase abgefüllt. Unter diesen Bedingungen erfährt der Wein eine Sauerstoffaufnahme im Füllkessel und beim Einlaufen in die Flasche. Vergleicht man den Sauerstoffgehalt vor dem Einlauf in den Füller und direkt nach dem Verschließen der Flaschen, stellt man eine Erhöhung im Bereich von 0,5–1,5 mg/l O_2 fest, wobei eine gewisse Abhängigkeit vom Füllsystem zu beobachten ist. Durch Vorspannen der Flaschen mit Inertgas kann dieser Wert weitgehend reduziert werden. Durch Überschichten der befüllten Flaschen mit Inertgas wird der im Kopfraum enthaltene Sauerstoff eliminiert.

Eine durchschnittliche Sauerstoffaufnahme von 1 mg/l O_2 während des eigentlichen Füllvorgangs darf nicht überbewertet werden. Sie ist vernachlässigbar gering gegenüber den Mengen, die der Wein vor und nach dem Abfüllen aufnimmt. Besonders im Rahmen strapaziöser Behandlungsmaßnahmen zur Herstellung der Füllbereitschaft gelangt oft überraschend viel Sauerstoff – bis ca. 8 mg/l – in den Wein, dessen Folgen fälschlicherweise dem Füllsystem zugeschrieben werden. Investitionen in das Füllsystem können somit Probleme mit vorzeitiger oxidativer Alterung kaum lösen.

2.3 Kritischer Grenzwert der Sauerstoffaufnahme bei Weißwein

Die in Kapitel 1.2.1 erläuterten sensorischen Konsequenzen der Sauerstoffaufnahme durch den Flaschenverschluss legen die vordergründige Konklusion nahe, dass jeglicher Sauerstoffeintrag der Qualität des fertigen Weißweins abträglich sei. Dem steht die klassische und erstmals von Louis Pasteur gemachte Beobachtung entgegen, dass ein Wein aromatisch unreif und verschlossen bleibt, wenn er direkt nach der Gärung in vollständig befüllten Glasampullen hermetisch eingeschweißt wird (112). Andere Untersuchungen (99, 100, 101, 102, 116, 117, 118) führten sogar zu dem Ergebnis, dass extreme Maßnahmen zum Schutz vor Sauerstoff überflüssig sind. Wie sind diese offensichtlichen Widersprüche vereinbar?

An späteren Stellen (Kapitel 4 und 7) wird erklärt, warum weder die Oxidation des Mostes noch die Sauerstoffaufnahme des hefetrüben Jungweins in die Sauerstoffbilanz des fertigen Weins eingehen. Im geschwefelten Wein kann allein der nach der Klärung aufgenommene Sauerstoff zu qualitativ negativen Konsequenzen führen. Damit stellt sich die Frage nach einem sensorisch kritischen Grenzwert des Sauerstoffeintrags in dieser Phase.

Zur Beantwortung dieser Frage wurde ein Riesling nach der Gärung aufgeschwefelt, unter absolutem Luftabschluss gelagert und direkt über einen mit Stickstoff vorgespannten Schichtenfilter (Steril S) in ebenfalls mit Stickstoff vorgespannte Flaschen abgefüllt. Diese experimentellen Bedingungen (154) schlossen die in der Praxis übliche Sauerstoffaufnahme vollständig aus. Ein erster Teil der Flaschen wurde sofort mit Kork verschlossen (K 0), ein zweiter Teil mit Schraubverschluss (S 0), ein dritter Teil mit Schraubverschluss nach einer Sauerstoffdosage von 6 mg/l O_2 in die Flaschen (S 6), und ein vierter Teil mit Kork nach identischer Sauerstoffdosage (K 6). Nach fünfmonatiger Lagerzeit ergab eine sensorische Bewertung signifikant unterschiedliche Intensitäten für das Fruchtaroma, das in der Reihenfolge S-0 < K-6 < S-6 < K-0 zunahm.

In diesem Weißwein mit absolut inerter Vorgeschichte förderte die Umsetzung von Sauerstoff, wie er durch den Korken aufgenommen wurde (K 0), deutlich die Aromatik, während die Lagerung unter dem fast gasdichten Schraubverschluss (S 0) das verhaltenste Aroma ergab. Die bei gängiger kellertechnischer Praxis übliche Sauerstoffaufnahme, hier dargestellt durch Dosage von 6 mg/l O_2, lässt den Kork (K 6) jedoch in einem weniger günstigen Licht als den Schraubverschluss (S 6) erscheinen. Sauerstoffeintrag im Keller und Sauerstoffaufnahme durch den Korken addieren sich in fruchtigen Weißweinen mit negativen Konsequenzen. Die oxidative Alterung eines Weißweins auf der Flasche ist deutlich von seiner Redoxgeschichte im Keller abhängig (89).

Die Wahl des Flaschenverschlusses, die über die Sauerstoffaufnahme während der Lagerung entscheidet, ist somit auch eine Frage der Vorgeschichte und des momentanen Entwicklungsstadiums des Weins. Wenn ein Wein nach extrem schonender Kellerbehandlung noch Sauerstoff vertragen kann, wird er unter Kork bis zu einem gewissen Zeitpunkt reifer und aromatischer, ist er jedoch bereits reif, wird er durch die dem Kork eigene Sauerstoffaufnahme negativ gealtert. Auf jeden Fall sind die filtrierten Weißweinen förderlichen Mengen von Sauerstoff sehr gering und bewegen sich, entsprechend anderweitigen Ergebnissen (118), in einem Bereich von deutlich unter 10 mg/l O_2. Ihre Optimierung bedeutet die Wanderung auf einem schmalen Grat und, vor allem, eine Schärfung des Bewusstseins für die akkumulierte Menge des in den verschiedenen Phasen aufgenommenen Sauerstoffs, kaum jedoch eine Förderung des Sauerstoffeintrags über das praktisch unvermeidbare Maß hinaus.

3 Reaktionen des Sauerstoffs im Weißwein

3.1 Lösung und Bindung von Sauerstoff

Durch handwerkliche und önologische Maßnahmen kann die oxidative Alterung von Weißwein minimiert werden. In den nachfolgenden Ausführungen wird erklärt, warum schweflige Säure den Wein nur bedingt gegen Oxidation schützt und welchen Einfluss die Beschaffenheit des Weins auf sein Oxidationsverhalten ausübt.

Wie in allen Flüssigkeiten komplexer Zusammensetzung läuft die Oxidation von Wein in drei Phasen ab:

1. Die Aufnahme von Sauerstoff aus der Atmosphäre und die Lösung dieses Gases im Wein bis zu einer maximal möglichen Konzentration von 9 mg/l O_2 bei 20° C und Normaldruck. Dieser Vorgang ist rein physikalischer Natur und wird durch Parameter wie Oberfläche, Temperatur und Druck kontrolliert. Der im Wein als Gas gelöste Sauerstoff kann gemessen werden.

2. Der gelöste Sauerstoff verbindet sich innerhalb weniger Tage mit leicht oxidierbaren Weinbestandteilen. Der gebundene Sauerstoff ist verschwunden und messtechnisch nicht mehr zugänglich. In dem Maße, in dem gelöster Sauerstoff gebunden wird, kann der Wein erneut Sauerstoff aufnehmen. Der gemessene Sauerstoffgehalt ist ein momentaner Nettowert, der sich aus der Differenz zwischen aufgenommener und zwischenzeitlich gebundener Menge ergibt.

3. Der an leicht oxidierbare Weinbestandteile gebundene Sauerstoff wird weiter übertragen auf Substanzen, die nicht direkt oxidierbar sind. Dort verbleibt er und führt zu den bekannten Folgen der Oxidation, wie sie sensorisch und analytisch wahrnehmbar sind.

Die klassischen Untersuchungen zum Oxidationsverhalten von Wein bestehen darin, dass man dem Wein ein definiertes oder unbeschränktes Angebot von Sauerstoff zur Verfügung stellt und beobachtet, mit welcher Geschwindigkeit dieser Sauerstoff gebunden wird. Daraus ergeben sich Unterschiede in der Sauerstoffumsatzrate und dem potenziellen Oxidationsvermögen, die ihrerseits von der Zusammensetzung des jeweiligen Weins abhängen. Ein Beispiel ist in Abb. 5 für einen filtrierten Weißwein wiedergegeben, der unterschiedlich behandelt wurde. Zusätze von Eisen, Phenolen (Catechin) und Ascorbinsäure versetzen den Wein in die Lage, angebotenen Sauerstoff wesentlich schneller zu binden, während die Entfernung sämtlicher Schwermetalle durch Überschönung mit Kaliumhexacyanoferrat die Bindung des Sauerstoffs auf ein unbedeutendes Ausmaß verlangsamt.

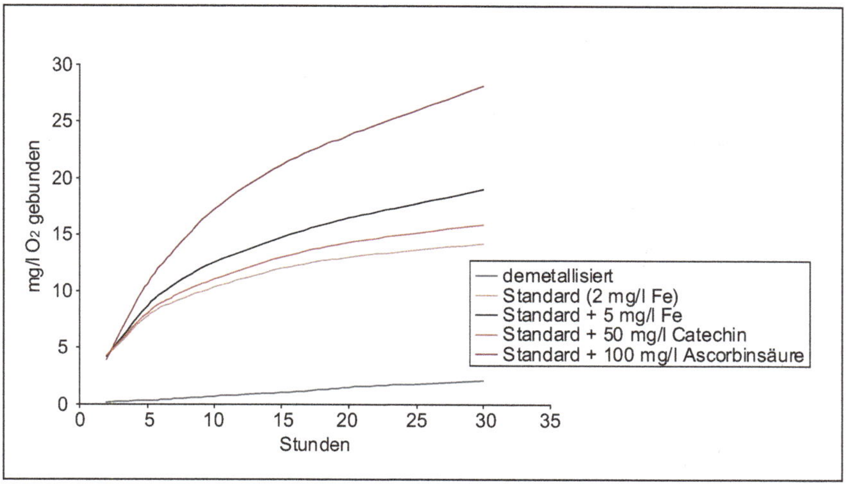

Abb. 5: Einfluss von Eisen, Phenolen und Ascorbinsäure auf die Sauerstoffzehrung eines Weißweins

Aus Messungen dieser Art mittels einer manometrischen Methode (44, 55) ergaben sich drei wesentliche Erkenntnisse:

- Authentische Weißweine (Spuren von Schwermetallen, keine Ascorbinsäure, freie SO_2, durchschnittlicher Phenolgehalt, filtriert) binden pro Tag 0,5–15 mg/l O_2. Eine maximal mögliche Menge von 9 mg/l gelösten Sauerstoffs ist so bei 20° C spätestens nach einem Monat durch Bindung verschwunden.

- Filtriert gelagerte Weißweine vermögen beachtlich hohe Mengen an Sauerstoff zu binden. Diese Mengen sind praktisch unbegrenzt. Solange Sauerstoff zur Verfügung steht, kann er vom Wein chemisch umgesetzt werden, ohne dass dessen Bindungsvermögen irgendwann erschöpft ist. Doch die unkontrollierte Sauerstoffaufnahme führt zu sensorisch katastrophalen Konsequenzen.

- Ascorbinsäure wirkt in bestimmten Situationen als Reduktionsmittel. Sie bringt zudringenden Sauerstoff jedoch nicht spurlos zum Verschwinden, sondern überträgt ihn nur beschleunigt auf andere Weininhaltsstoffe. Deshalb ist Ascorbinsäure kein langfristig wirksamer Oxidationsschutz.

- In der Praxis, besonders unter den Bedingungen des Flaschenlagers, ergeben sich spezifische Bedingungen. Hier ist das Sauerstoffangebot der begrenzende Faktor. Die Bindung des Sauerstoffs durch den Wein erfolgt schneller, als dieser durch den Flaschenverschluss diffundieren kann. Deshalb ist im abgefüllten Wein kein gelöster Sauerstoff zu finden. Die Oxidation wird kontrolliert durch die Sauerstoffdurchlässigkeit des Flaschenverschlusses. Daraus ergibt sich die entscheidende Frage, welche Veränderungen eine bestimmte Menge Sauerstoff in einem gegebenen Volumen Wein hervorruft oder, mit anderen Worten, wie stabil der Wein gegenüber den Erscheinungen oxidativer Alterung ist.

3.2 Reaktionspartner des Sauerstoffs

Eine weit verbreitete Meinung besagt, dass die schweflige Säure zutretenden Sauerstoff abfängt und so den Wein vor Oxidation schützt. Bis zu einem gewissen Grad gelingt ihr dies, wobei sie selbst zu Sulfat oxidiert und aus dem Redoxsystem ausscheidet. Daraus erklärt sich die Minderung von freier und gesamter schwefliger Säure, wenn während der Flaschenlagerung Sauerstoff durch den Kork aufgenommen wird. Abb. 6 zeigt den Abbau schwefliger Säure nach der Abfüllung für je einen Korken mit geringer und hoher Sauerstoffdurchlässigkeit.

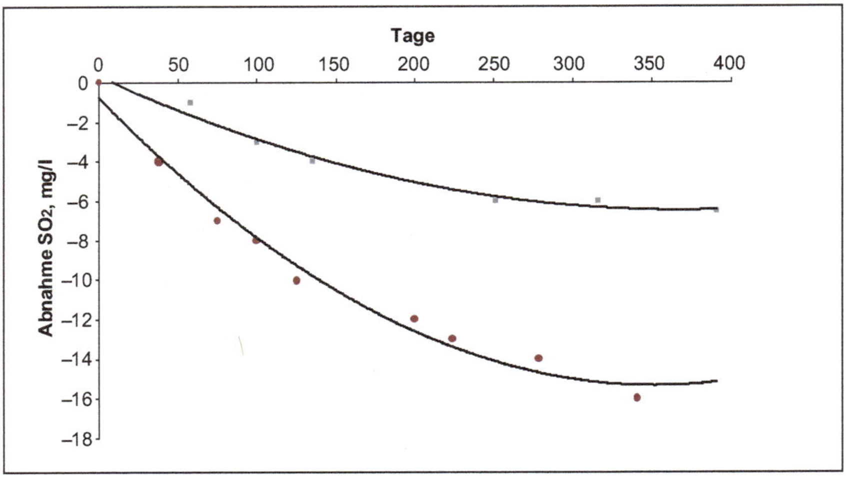

Abb. 6: Abnahme von SO_2 durch Oxidation bei der Lagerung eines mit unterschiedlichen Korken verschlossenen Weins

Sofern Sauerstoff vollständig mit der schwefligen Säure reagiert, führt 1 mg O_2 zu einem oxidationsbedingten Verlust von 4 mg SO_2. Doch schon früh wurde erkennbar, dass die reale Sauerstoffaufnahme durch Korken höher ist, als sich aus dem Abbau der schwefligen Säure ableiten lässt. Ein Teil des Sauerstoffs muss also mit anderen Weininhaltsstoffen reagieren. Um diesen Anteil zu präzisieren, wurde zehn Weißweinen mit 50–60 mg/l freier SO_2 unter kontrollierten experimentellen Bedingungen exakt 10 mg/l Sauerstoff zur Verfügung gestellt. Nach dessen vollständiger Bindung über 50 Tage wurde der Verlust an gesamtschwefliger Säure ermittelt und in Relation zum umgesetzten Sauerstoff gesetzt.

Abb. 7 zeigt, dass 1 mg O_2 in Abhängigkeit vom einzelnen Wein unterschiedliche Mengen SO_2 oxidiert. Statt dem theoretisch zu erwartenden Wert von 4 mg

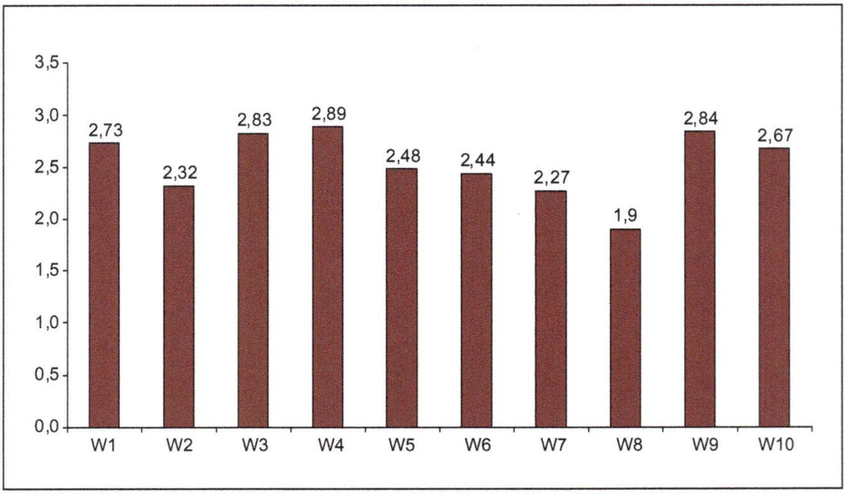

Abb. 7: Verlust von SO_2 (mg) pro 1 mg Sauerstoff bei der Umsetzung von 10 mg/l O_2 in 50 Tagen in Weißweinen

SO_2/1 mg O_2 ergab sich ein Mittelwert von 2,54 mg SO_2/1 mg O_2, entsprechend 63 %. Der restliche Sauerstoff von 37 % wurde nicht durch SO_2 abgefangen, sondern stand zur Oxidation von anderen Weinbestandteilen zur Verfügung.

	Geschwindigkeit der O_2-Bindung (mg/l O_2 in 10 Tagen)	SO_2-Minderung durch Oxidation		Bildung von Acetaldehyd aus Ethanol	
		– mg/l SO_2	Verbrauch von O_2 durch SO_2, %	+ mg/l Acetaldehyd	Verbrauch von O_2 durch Ethanol, %
Stammlösung (12 % Ethanol, 75 mg/l SO_2, pH 3,5)	0	0	0	0	0
+ 200 mg/l Gesamtphenol	3	11	92	0	0
+ 400 mg/l Gesamtphenol	4,5	16	89	0	0
+ 2 mg/l Fe^{++}	14	47	84	2,3	5,9
+ 4 mg/l Fe^{++}	30	75	63	4,8	5,8
+ 200 mg/l Gesamtphenol, + 2 mg/l Fe^{++}	21	75	89	3,7	6,3

Tab. 4: Einfluss von Eisen und Phenolen auf die Sauerstoffzehrung von Modellwein (12 % Ethanol, 75 mg/l SO_2, Weinsäure pH 3,5) während zehn Tagen bei unbeschränktem Sauerstoffangebot

Welche aber sind die Substanzen, mit denen der verbleibende Sauerstoff reagiert? Schwermetalle wie Eisen und Kupfer sind als Katalysatoren der Oxidation bekannt (30, 31). Sie übertragen Sauerstoff; ihre im Wein vorliegenden Konzentrationen können jedoch keine wesentlichen Mengen davon binden. Auch reduzierende Aminosäuren aus der Hefeautolyse können rechnerisch nicht für die Bindung der beträchtlichen Sauerstoffmengen verantwortlich sein, die ein Wein umsetzen kann. Als weitere Stoffgruppe mit der Fähigkeit zur Bindung hoher Mengen von Sauerstoff sind die phenolischen Substanzen bekannt (170, 172). Ein Nebenprodukt ihrer Oxidation sind Peroxide. Diese aggressiven Oxidationsmittel vermögen Substanzen zu oxidieren, die der direkten Oxidation mit Sauerstoff nicht zugänglich sind, zum Beispiel Ethanol zu Acetaldehyd (198).

Um Reaktionswege und weitere Oxidationsprodukte des Sauerstoffs in Weißwein zu erklären, wurden Modellweine hergestellt und deren Sauerstoffbindung beobachtet. Eine Stammlösung, bestehend aus Wasser, 12 % Ethanol, 75 mg/l SO_2 und Weinsäure (pH 3,5), wurde mit unterschiedlichen Mengen an Eisen, Traubentannin oder beidem versetzt, entsprechend den realen Phenol- und Eisenkonzentrationen zeitgemäßer Weißweine. Tab. 4 zeigt die Sauerstoffbindung dieser Lösungen innerhalb von zehn Tagen, die daraus resultierenden Verluste an SO_2, und die Bildung von Acetaldehyd.

Aus diesen Daten ergeben sich folgende Erkenntnisse:

- In Abwesenheit von Phenolen oder Schwermetallen wie Eisen wird kein Sauerstoff gebunden. Schweflige Säure reagiert nicht direkt mit Sauerstoff, sondern bedarf der Anwesenheit der genannten Katalysatoren, um mit Sauerstoff zu reagieren.

- Bezogen auf die für Weißwein typischen Konzentrationsverhältnisse konkurrieren Eisen und Phenole um den Sauerstoff. Dieser reagiert bevorzugt mit Eisen, während seine Reaktion mit Phenolen langsamer ist. In einem Weißwein üblicher Zusammensetzung reagieren nur 10–30 % des Sauerstoffs direkt mit Phenolen.

- Obwohl Phenole spontan oxidieren können, wird ihre Oxidation durch die Anwesenheit metallischer Katalysatoren erheblich erleichtert. Eisen aktiviert die Reaktion.

- Der überwiegende Anteil des Sauerstoffs – 63–92 % – wird durch schweflige Säure konsumiert. Sie reduziert zum größten Teil die oxidierten Schwermetalle und Phenole.

- Weitere 10 % des Sauerstoffs werden zur irreversiblen Oxidation von Phenolen verbraucht. Hochfarbigkeit und Gerbigkeit können die Folge sein.

- Sowohl Eisen allein, als auch in Verbindung mit Phenolen führt zur Synthese von Acetaldehyd. Die Tatsache, dass aber nur ca. 6 % des Sauerstoffs zur Oxidation von Ethanol zu Acetaldehyd verbraucht werden, erklärt, warum unter realen Lager- und Oxidationsbedingungen filtrierter Weißweine diese Art der rein chemischen Bildung von Acetaldehyd unbedeutend ist.

3.3 Oxidation und Peroxidation

Die Entstehung von Peroxiden kann als eine Folgereaktion der Oxidation angesehen werden. Ihre reale Existenz wird durch die Oxidation selbst geringer Mengen von Ethanol zu Acetaldehyd belegt. Ihre sensorische Bedeutung gewinnen Peroxide aber erst durch ihre Eigenschaft, ein ungleich breiteres Spektrum von Substanzen zu oxidieren, als dies der Sauerstoff vermag. Aromatisch aktive Verbindungen zählen dazu.

Mittels eines der enzymatischen Analytik entlehnten Verfahrens unter Zuhilfenahme des Reaktionssystems $NAD/NADH_2$-Peroxidase wurden momentane Konzentrationen von Peroxid gemessen, die sich bei der Oxidation von Weißwein ergeben. Bezugssubstanz war Wasserstoffperoxid. Aus Tab. 5 geht hervor, dass zu Beginn (Tag 0) der Oxidation SO_2-haltiger Weißweine zunächst kein Peroxid nachweisbar ist. Ursache ist seine spontane Reaktion mit freier SO_2. Unter diesen Bedingungen ist sein Abbau schneller als seine Bildung. Erst wenn es im Fortlauf der Sauerstoffzufuhr zu einem vollständigen Verbrauch der freien SO_2 kommt, akkumulieren Peroxide zu nachweisbaren und zunehmenden Konzentrationen. Deren Höhe hängt von dem Gleichgewicht zwischen Bildung und Abbau ab. Somit handelt es sich um momentane Nettokonzentrationen. Zusätze von traubenbürtigen Phenolen führen zu höherer, Minderung des Phenolgehalts mittels PVPP zu niedrigerer Peroxidbildung.

Peroxide, die durch SO_2 abgefangen werden, enden als Sulfat und bleiben meist ohne sensorische Folgen. Darin besteht sogar die Hauptaufgabe der schwefligen Säure (31, 195), doch wie vollständig ist ihre Reaktion mit Peroxiden? Zur Beantwortung dieser Frage wurden 16 Weine sowie Wasser von 50–60 mg/l freier SO_2 mit einer definierten Menge leicht verfügbaren Wasserstoffperoxids versetzt. Nach Ablauf von 30 Minuten wurde der Verlust an SO_2 ermittelt. In den Weinen betrug die Oxidation von SO_2 durchschnittlich nur 90,6 % (87–93 %) der Oxidation im Wasser. Die Differenz von fast 10 % muss durch Reaktionen des Peroxids mit anderen Weininhaltsstoffen erklärt werden. Welche Substanzen sind dies, und wo endet das restliche Peroxid?

	Peroxide (mg/l H_2O_2)			Synthese von Acetaldehyd, mg/l		
Zeit (Tage nach Start)	0	10	50	0	10	50
Weißwein unbehandelt	0	0,8	1,3	0	20	26
Weißwein nach 0,8 g/l PVPP	0	0,7	1,2	0	6	20
Weißwein + 20 mg/l Catechin	0	1,0	1,5	0	16	26
Weißwein + 50 mg/l Catechin	0	1,0	1,7	0	12	19
Weißwein + 100 mg/l Traubentannin	0	1,0	2,2	0	9	18

Tab. 5: Momentane Konzentration intermediärer Peroxide und Synthese von Acetaldehyd während der Oxidation von Weißwein durch kontinuierliche Zufuhr von Sauerstoff

Über die zusätzlichen Reaktionswege von Peroxid gibt sein Verhalten in SO_2-freien Weinen Auskunft, hier modelliert durch weißen Traubensaft mit und ohne Zusatz von 12 % Ethanol. Der Abbau von jeweils 13 mg/l zugesetzten Wasserstoffperoxids ist in Abb. 8 dargestellt. Nach zwölf bzw. 26 Stunden ist das Peroxid in beiden Traubensäften verschwunden. Nach seinem vollständigen Abbau waren in dem alkoholhaltigen Saft 8 mg/l Acetaldehyd nachzuweisen, in dem alkoholfreien Saft hingegen 0 mg/l mangels Ethanol als Ausgangsprodukt. Daraus ergibt sich rechnerisch, dass ca. 50 % des Peroxids, das nicht durch SO_2 abgefangen wird, zur Oxidation von Ethanol zu Acetaldehyd verbraucht wird. Der Rest steht für aromatisch relevante Reaktionen zur Verfügung.

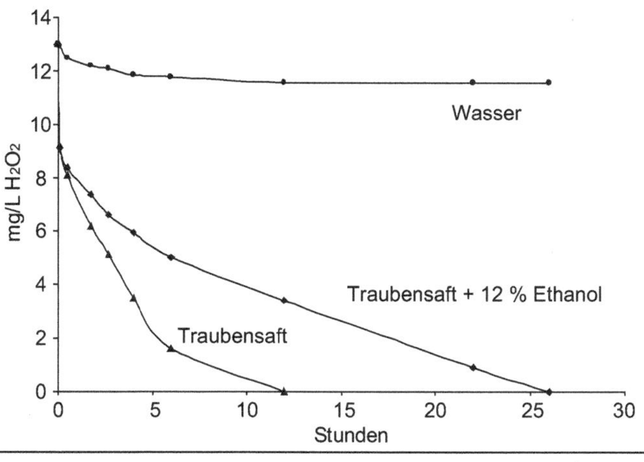

Abb. 8: Verbrauch von Peroxid (13 mg/l H_2O_2) in weinähnlichen Lösungen ohne SO_2

Die Bildung von Peroxid als Nebenprodukt der Oxidation von Phenolen erklärt, warum hohe Phenolgehalte die oxidative Alterung von Weißwein beschleunigen.

3.4 Sauerstoffbilanz

Die Zusammenfassung des erhaltenen Datenmaterials erlaubt eine annähernde Bilanzierung des Verbleibs des Sauerstoffs: Der durch filtrierte Weißweine aufgenommene Sauerstoff reagiert zunächst mit stets vorhandenen Schwermetallen (Eisen, Kupfer) und Phenolen. Diese übertragen ihn auf andere Weininhaltsstoffe. Auf diesem Weg gelangen 60–90 % des Sauerstoffs zur schwefligen Säure. Sie oxidiert dabei zu Sulfat, wobei der Sauerstoff aus dem Oxidationsgeschehen ausscheidet. Weitere 10 % werden zur irreversiblen Oxidation phenolischer Substanzen verbraucht, und 5 % gehen in die Oxidation von Ethanol zu Acetaldehyd ein. Der Verbleib des Restes ist ungeklärt und führt zu Oxidationen mit Konsequenzen für die Aromatik.

Diese Bilanzierung des Sauerstoffverbrauchs unterscheidet sich wesentlich von der in Rotweinen (120, 139) und hefetrüben Jungweinen (44). In filtrierten Weißweinen ist die freie SO_2 der wichtigste, wenngleich nicht einzige Sauerstoffakzeptor. Einstellung, Kontrolle und Erhaltung eines adäquaten Gehalts an freier SO_2 ist eines der unabdingbaren Instrumente zur Optimierung der Haltbarkeit, kann aber bei Weitem nicht alle Probleme mit vorzeitiger oxidativer Alterung lösen.

Sauerstoff → Superoxidradikal → Wasserstoffperoxid → Hydroxylradikal → Wasser

Ein bislang unbekannter Teil des Sauerstoffs wird in Form von Peroxiden in das Oxidationsgeschehen eingebracht. Grundsätzlich kann molekularer Sauerstoff bis zum Wasser reduziert werden (170, 172, 195). Dabei durchläuft er eine Reaktionskette, die sich schreiben lässt als
Alle Zwischenstufen sind starke Oxidanten und oxidieren Substrate, die der direkten Oxidation mit Sauerstoff nicht zugänglich sind (30, 32). Von ihnen konnten bisher nur Peroxide im Wein direkt nachgewiesen werden. Durch freie SO_2 werden 90 % der intermediär gebildeten Peroxide spontan abgefangen. Weitere 5 % erklären die Oxidation von Ethanol zu Acetaldehyd. Der verbleibende Anteil von Sauerstoff bzw. Peroxid, der nicht zur Oxidation von SO_2, Phenolen und Ethanol verbraucht wird, ist verantwortlich für die aromatischen Veränderungen während der oxidativen Alterung von Weißwein.

Zusammenfassend lässt sich feststellen, dass in filtrierten Weißweinen der überwiegende Teil des aufgenommenen Sauerstoffs durch SO_2 abgefangen wird. Ein geringerer Anteil geht in Reaktionen mit sensorischen Konsequenzen ein. Dabei spielen Peroxide eine Rolle, die bei der Oxidation von Phenolen entstehen. Daraus erklärt sich die Bedeutung der Belastung mit Phenolen, insbesondere solcher flavonoider Struktur, für die Haltbarkeit der Weißweine.

4 Die Hefe nach der Gärung

4.1 Eigenschaften der Hefe nach der Gärung

In vielen Betrieben des deutschsprachigen Raumes herrscht eine Filtrationshysterie. Nur zu oft ist man bestrebt, die Weine so früh wie möglich zu klären. In anderen Betrieben und Regionen arbeitet man gezielt mit der Hefe in verschiedenen Intensitätsstufen und Variationen. Die Entwicklung fruchtiger Weißweine wird durch Feinhefe und Filtration nachhaltig beeinflusst.

Während langer Zeit sah man in der Hefe ausschließlich einen nützlichen Mikroorganismus zur Durchführung der alkoholischen Gärung. Hat sie diese Aufgabe erfüllt, wird sie früher oder später aus dem Wein entfernt. Mittels Abstich wird die sedimentierte Depothefe abgetrennt. Der teilgeklärte Jungwein wird durch Filtration von seiner noch in Suspension befindlichen Feinhefe befreit. Die vollständige Klärung des Weins erfolgt zum Teil in einem sehr frühen Entwicklungsstadium unter Zuhilfenahme massiven Maschineneinsatzes. Hintergrund dieser Bestrebungen ist die simplifizierte Annahme, dass es sich bei der Feinhefe im unfiltrierten Jungwein um Schmutz mit negativen Auswirkungen auf die Weinqualität handle. Im Sinne dieser Denkschemata wird die frühzeitige Bereitstellung glanzheller Weine teilweise heute noch als ein Beitrag zur Qualität aufgefasst.

Hefeschleier ist kein Schmutz

Nach der Gärung, während der so genannten postfermentativen Phase, ist die Hefe zwar nicht mehr unbedingt gärfähig, aber keineswegs tot. Die nach dem Abstich verbleibende Feinhefe ist vielmehr ein wertvoller Organismus, dem viele positive Eigenschaften innewohnen. Voraussetzung dafür ist, dass es sich bei dem Trubschleier des Jungweins wirklich um Hefe handelt und nicht um Rückstände der Traubenverarbeitung, die nach einer defizitären Mostvorklärung zurückgeblieben sind. Die gezielte önologische Nutzung der Feinhefe setzt eine scharfe Mostvorklärung voraus. Dabei spielt es eine untergeordnete Rolle, auf welche Art und Weise der Most geklärt wurde. Wichtig dabei ist ausschließlich das Ergebnis, das heißt der Klärgrad des Mostes. Er sollte so scharf sein, dass der Resttrubgehalt vor Eintritt der Gärung 0,5 Gewichtsprozent oder 100 NTU nicht überschreitet.

Die Eigenschaften der Hefe in der postfermentativen Phase macht man sich gezielt in der Sektbereitung und der Herstellung weißer Barriqueweine zunutze. Sie umfassen im Wesentlichen:

- Eine Freisetzung von Mannoproteinen und anderen Polysacchariden, von Aminosäuren, Eiweißen, Nucleinsäuren und höheren Fettsäuren während der

Hefeautolyse und deren Anreicherung im Wein (17). Die sensorischen Konsequenzen werden bis zu einem gewissen Grad positiv im Sinne von Körper und Mundfülle bewertet. Eine zu weitgehende Autolyse ruft einen einseitigen Hefeton hervor;

- Die Bildung von Böckser verursachenden flüchtigen Schwefelverbindungen, aber auch deren teilweiser Abbau unter bestimmten Bedingungen;

- Die Absorption von Schwermetallionen wie Kupfer. Nach Behandlung eines böcksernden Jungweins mit Kupfersulfat wird ein großer Teil des eingebrachten Kupfers durch die verbliebene Feinhefe entfernt;

- Eine entgerbende Wirkung durch Bindung von Tanninen aus der Traube oder dem Eichenholz auf Eiweiße der Zellmembran;

- Eine reduktive Wirkung, die die Weine gegen die negativen Folgen von Oxidation schützt.

Im Rahmen dieser Darstellung steht die reduktive Wirkung der Feinhefe im Vordergrund.

Die Hefe hat die Eigenschaften eines starken Reduktionsmittels. So ist bekannt, dass ungeschwefelte Weißweine nicht bräunen, solange sie hefetrüb sind. Werden sie im ungeschwefelten Zustand filtriert, tritt die Hochfarbigkeit mehr oder weniger spontan ein. Aus diesen klassischen Beobachtungen geht hervor, dass die Hefe den Wein vor Oxidation schützt. Wohl bemerkt kann es sich dabei nur um Hefe in der Schwebe handeln. Als Depot abgesetzte Hefe ist in dieser Hinsicht weitgehend wirkungslos.

Über den Mechanismus dieser Schutzwirkung ist weniger bekannt. Deshalb wurde der Einfluss von Hefe auf das Oxidationsverhalten von Weißwein untersucht. Dazu wurden unterschiedlich behandelte Varianten eines Weins in einer manometrischen Apparatur (55) einem unbegrenzten Angebot von Sauerstoff ausgesetzt, und es wurde beobachtet, wie viel Sauerstoff sie in einem bestimmten Zeitraum binden.

4.2 Feinhefe bindet Sauerstoff

In einer ersten Phase wurde der Frage nachgegangen, inwiefern der Oxidationsschutz durch die Hefe an das Vorliegen von lebenden oder toten Zellen geknüpft ist. Aus Abb. 9 geht hervor, dass der unbehandelte, hefetrübe Jungwein (Variante I) mit hoher Umsatzrate Sauerstoff bindet. Nach Filtration (Variante IV) bindet der gleiche Wein nur noch einen Bruchteil der Sauerstoffmenge. Es zeigt sich, dass die Feinhefe des vergorenen Jungweins in der Lage ist, erhebliche Mengen Sauerstoff zu verarbeiten. Voraussetzung ist allerdings, dass die Hefe aus lebenden Zellen besteht.

Sterben die Zellen ab bzw. werden sie durch Pasteurisation abgetötet (Variante II), entspricht die Sauerstoffbindung der des filtrierten Weins. Wird der hefetrübe Wein aufgeschwefelt (Variante III), verringert sich die Fähigkeit der Hefe, Sauerstoff zu verarbeiten. Trotzdem ist sie auf einem niedrigeren Niveau immer noch gegeben, wie der Vergleich mit dem aufgeschwefelten und filtrierten Wein (Variante V) zeigt.

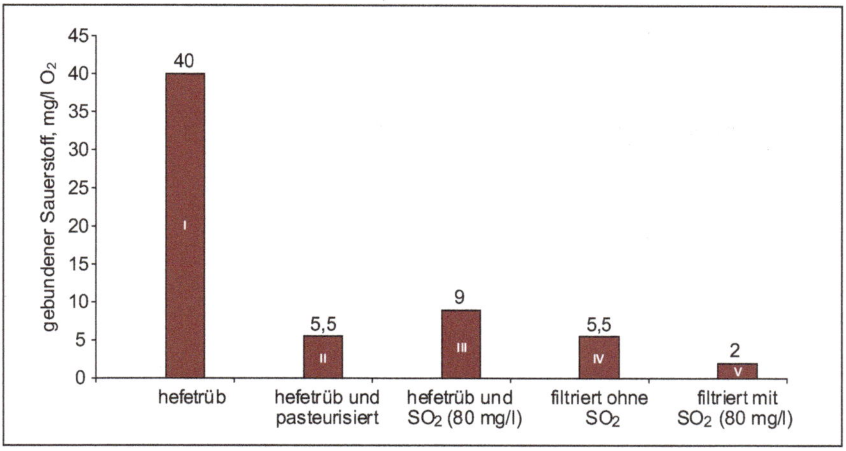

Abb. 9: Sauerstoffzehrung eines jungen Weißweins (97er Rhh. Silvaner, zwei Wochen nach der Gärung) über 105 Stunden in Abhängigkeit von Feinhefe, Filtration, SO_2 und Pasteurisation

Offensichtlich stört die schweflige Säure den Sauerstoffmetabolismus der Hefe, was auf eine teilweise Inhibierung ihrer Enzymausstattung durch SO_2 hindeutet. Im filtrierten Wein schließlich führt das Aufschwefeln zu einer Verringerung der Sauerstoffzehrung (Variante IV – Variante V).
Die Ergebnisse zeigen, dass die Reduktionskraft der Hefe im Jungwein auf eine Zehrung von Sauerstoff zurückzuführen ist. Lebende, wenngleich nicht mehr gärfähige Hefe verbraucht im Wein gelösten Sauerstoff, der so zur Oxidation von Weininhaltsstoffen nicht mehr zur Verfügung steht (49, 50).

In einem analogen Versuch wurde die gleiche Hefe in destilliertem Wasser suspendiert. Abb. 10 zeigt, dass reines Wasser nur so viel Sauerstoff aufnimmt, wie der Löslichkeit dieses Gases entspricht; darüber hinaus wird kein Sauerstoff gezehrt. Die Anwesenheit pasteurisierter Hefe verändert diesen Sachverhalt nicht wesentlich, während die lebende Hefe wiederum bedeutende Mengen an Sauerstoff konsumiert. Es handelt sich dabei um den gleichen Effekt, der in Kläranlagen eintritt, wenn nach der Weinlese hefehaltige Abwässer aus Trauben verarbeitenden Betrieben ungereinigt ins Abwassernetz eingelassen werden. Der biologische Sauerstoffbedarf des Abwassers steigt an, bis die Kläranlage schließlich zum Umkippen kommt.

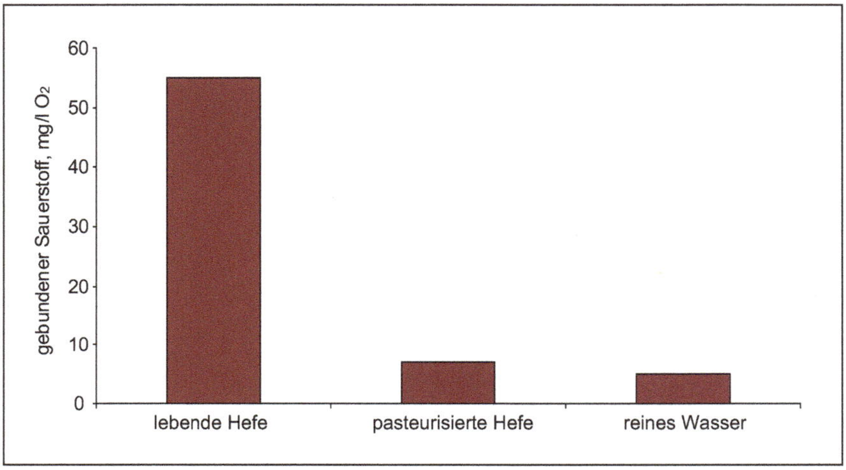

Abb. 10: Zehrung von Sauerstoff durch die Wasser suspendierte Hefe. Werte manometrisch ermittelt nach 80 Stunden bei nicht limitiertem Sauerstoffangebot

In diesem Zusammenhang interessiert besonders die Feststellung, dass lebende Hefe große Mengen an Sauerstoff aufnehmen und diesen innerhalb der Zellen verarbeiten kann, ohne ihn unbedingt auf oxidierbare Substanzen weiter zu übertragen. Diese Eigenschaft bleibt nach dem völligen Verlust der Gärfähigkeit noch viele Monate erhalten. Der Begriff des Hefetodes bedarf insofern einer Präzisierung.

Doch was geschieht mit dem Sauerstoff in den Hefezellen und wo endet er schließlich? Er wird kaum in einen Atmungsstoffwechsel eingebracht, da die Hefe innerhalb weniger Stunden nach Gärende die Möglichkeit zur Atmung verliert. Er wird bevorzugt zur Peroxidation von Lipiden der Hefemembran verbraucht (133).

In einem weiteren Versuch wurde eruiert, inwiefern der Oxidationsschutz durch lebende Hefe in der Schwebe von ihrer Zellzahl abhängt. Grundsätzlich ist zu erwarten, dass der Klärgrad des Jungweins eine Rolle spielt. Dazu wurde ein völlig trockener, geschwefelter und steril filtrierter Wein mit steigenden Mengen seiner eigenen Hefe versetzt. Diese Hefe wurde durch mehrmaliges Zentrifugieren und Auswaschen des Zentrifugats von verunreinigenden Begleitstoffen gereinigt.

Abb. 11 verdeutlicht, dass tendenziell umso mehr Sauerstoff gebunden wird, je höher der Gehalt an suspendierter Hefe ist. Eine lineare Beziehung zwischen Hefemenge und Sauerstoffzehrung besteht jedoch nicht. Die Feinhefe entwickelt ihren Oxidationsschutz bereits bei einer geringen, optisch gerade noch als Opaleszenz sichtbaren Trübung von 35 NTU, während höhere Hefegehalte keinen zusätzlichen Vorteil mehr ergeben. Dieses Verhalten deutet darauf hin, dass die Hefezellen mittels biochemischer Signale untereinander kommunizieren.

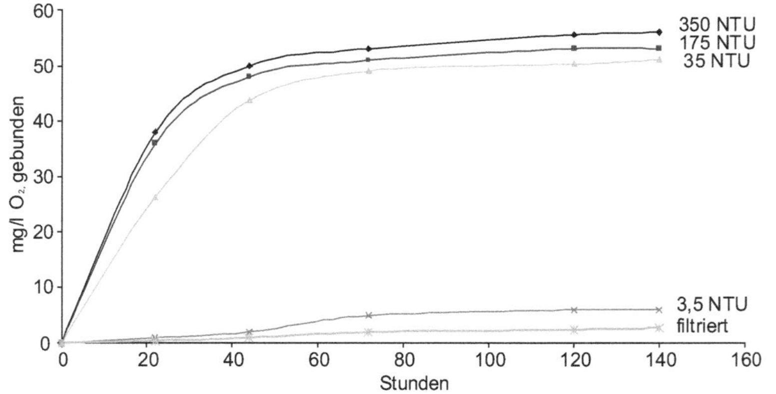

Abb. 11: Sauerstoffkonsum durch suspendierte Feinhefe in Abhängigkeit vom Trübungsgrad (in NTU) in einem jungen, ungeschwefelten Weißwein

Unter ähnlichen Bedingungen wurde der Frage nach möglichen Reaktionsprodukten des Sauerstoffs nachgegangen, wenn, wie in der Praxis üblich, der Jungwein aufgeschwefelt ist. Bekanntlich sind die primären Sauerstoffakzeptoren im filtrierten Wein phenolische Substanzen (170, 172), bei deren Oxidation organische Peroxide entstehen, die ihrerseits zur Oxidation von schwefliger Säure zu Sulfat und von Ethanol zu Acetaldehyd führen.

Tab. 6 zeigt wiederum die Abhängigkeit des Sauerstoffaufnahmevermögens vom Gehalt an suspendierter Hefe und die Wirkungslosigkeit toter Hefe in einem realen

Wein. In allen Varianten tritt eine geringfügige Erhöhung von Acetaldehyd sowie ein leichter Verlust von schwefliger Säure ein. Diese Reaktionen sind rein chemischer Natur und von der Umsetzung von Sauerstoff in steril filtrierten Weinen her hinreichend bekannt.

Werte manometrisch ermittelt nach 105 Stunden bei nicht limitiertem Sauerstoffangebot				
Variante	Trübungsgrad (A 600 nm)	gebundener Sauerstoff, mg/l O_2	Verlust an gesamter SO_2, mg/l	Bildung von Acetaldehyd, mg/l
steril filtriert	0	3	– 13	1
Feinhefe	0,17	45	– 10	4
mittlere Hefetrübung	0,66	48	– 11	3
aufgerührte Vollhefe	1,74	68	– 11	1
aufgerührte Vollhefe, pasteurisiert	1,74	3	– 13	1

Tab. 6: Sauerstoffzehrung eines jungen, geschwefelten Weißweins in Abhängigkeit von Hefezellzahl bzw. Trübungsgrad

Synthese von Acetaldehyd und Oxidation von schwefliger Säure erfordern rechnerisch jedoch nur eine Sauerstoffmenge von 3–4 mg/l O_2. Dies entspricht annähernd der Menge, die die hefefreie Variante bindet. Der darüber hinausgehende Sauerstoff – über 40 mg/l – wird durch die Hefe konsumiert. Er wird unter diesen Bedingungen einer kurzfristigen Sauerstoffzufuhr nicht auf andere Weininhaltsstoffe zu deren Oxidation übertragen. Er wird vielmehr im Innern der Hefezellen verarbeitet und scheidet aus dem Oxidationsgeschehen aus.

Kellertechnische Maßnahmen wie Pumpen, Auffüllen, Rühren, Filtrieren usw. führen dem Wein jeweils 0,5–5 mg/l O_2 zu. Aus einer einfachen Bilanzierung ergibt sich, dass die Feinhefe in der Lage ist, mehrere Sättigungskonzentrationen bzw. die gesamte Menge des während des Ausbaus aufgenommenen Sauerstoffs zu binden. Die Fähigkeit der Hefe zur Verarbeitung von Sauerstoff in der postfermentativen

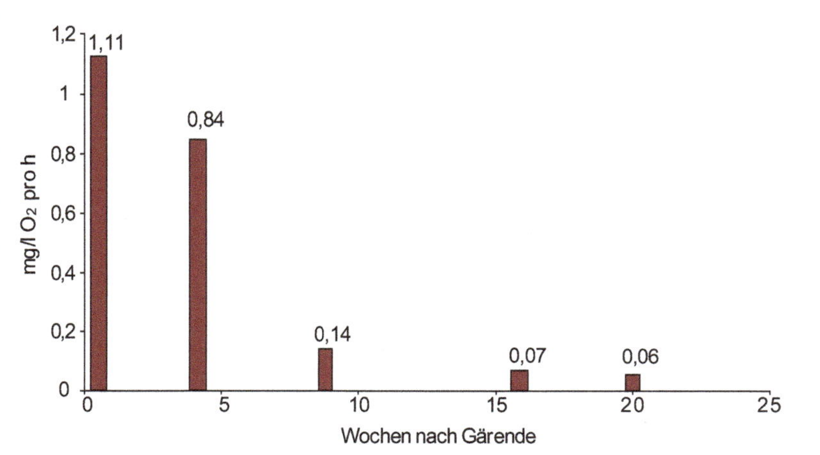

Abb. 12: Sauerstoffzehrung (mg/l O_2/h) von supendierter Feinhefe nach der Gärung in Abhängigkeit von der Lagerdauer (Lallemand V 1116; 50 NTU; pH 3,3; 12 % Ethanol)

Phase hängt nicht allein vom Trübungsgrad des Jungweins ab. Bezogen auf eine gegebene Zellzahl treten Unterschiede in Abhängigkeit vom Hefestamm und dem biochemischen Status der Hefe auf. Abb. 12 zeigt am Beispiel einer stark Sauerstoff zehrenden Hefe, wie die Fähigkeit einer gegebenen Hefemasse mit zunehmendem Alter bzw. Lager abnimmt.

In den ersten beiden Monaten nach Gärende ist die Reduktionskraft der Hefe am stärksten. Sinnvollerweise werden notwendige Behandlungsmaßnahmen wie Schönungen und Verschnitte in dieser Phase durchgeführt, damit der dabei eingetragene Sauerstoff rasch durch die Hefe gezehrt wird. In den Folgemonaten ist das der Hefe verbleibende Reduktionsvermögen oft noch ausreichend, um über den Lagerbehälter zutretenden Sauerstoff abzufangen.

Die Fähigkeit der Hefe, Sauerstoff zu zehren, schwankt von Stamm zu Stamm und von Gebinde zu Gebinde. Durch Alterung und Sedimentation nimmt der dadurch ausgeübte Oxidationsschutz allmählich ab. Deshalb kann sie unter gängigen kellertechnischen Bedingungen die schweflige Säure langfristig nicht ersetzen. Aufgeschwefelt werden muss spätestens dann, wenn der Wein von der Oberfläche herab zu bräunen beginnt.

Abb. 13: Zehrung von Sauerstoff durch Feinhefe (AWRI R2; 30 NTU) in Abhängigkeit von der freien SO_2

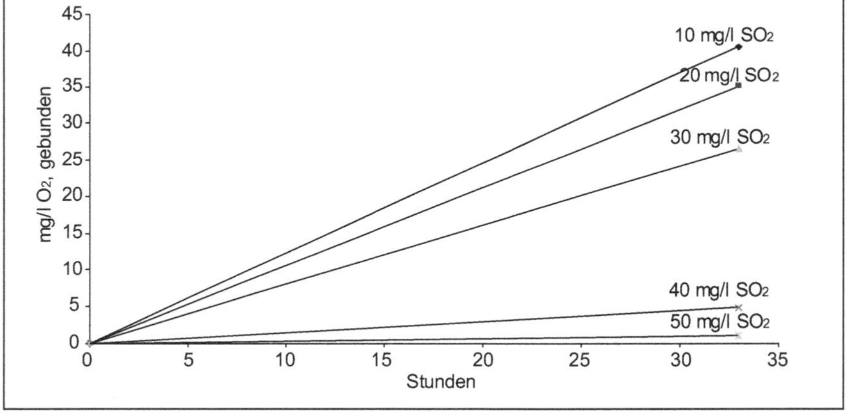

In diesem Zusammenhang wurde auch der Einfluss der schwefligen Säure auf das Sauerstoffzehrungsvermögen der Feinhefe untersucht. Aus Abb. 13 geht hervor, dass zunehmende Gehalte an freier SO_2 die Geschwindigkeit mindern, mit der die Hefe Sauerstoff bindet. Optimal ist ein Gehalt von 30 mg/l freier SO_2 vor der Filtration, um die Reduktionskraft der Feinhefe mit der der schwefligen Säure optimal zu kombinieren.

In der Praxis sind die Weine oft einer moderaten und konstanten Aufnahme von Sauerstoff über einen längeren Zeitraum hinweg ausgesetzt. Solche Verhältnisse liegen während der Lagerung im Holzfass, Barrique oder in nicht vollständig befüllten Tanks vor, aber auch unter den Bedingungen strapaziöser Weinbehandlung wie mehrfachem Schönen, Rühren oder der Befüllung der Gebinde von oben. Um diesen Verhältnissen näher zu kommen, wurde wiederum ein steril filtrierter Wein mit unterschiedlichen Mengen seiner eigenen, gereinigten Hefe versetzt und in teilbefüllten Flaschen gelagert. Fünf Monate lang wurden alle Varianten durch wöchentliches Aufschütteln einer ständigen und identischen Sauerstoffaufnahme aus einem definierten Kopfraumvolumen ausgesetzt.

Aus Tab. 7 geht hervor, dass unter diesen Bedingungen durch die Anwesenheit von Hefe zusätzliche Mengen Acetaldehyd gebildet werden. Die Bildung erfolgt durch enzymatische Oxidation von Ethanol mittels der Aldehyd-Dehydrogenase des noch intakten Enzymsystems der Hefezellen. Sie erklärt, warum unfiltrierte, strapazierte Weine ein höheres SO_2-Bindungsbedürfnis aufweisen. Acetaldehyd ist ein wichtiger Bindungspartner der schwefligen Säure. Andererseits wird die schweflige Säure durch zunehmende Hefemengen vor Verlust durch Oxidation geschützt. In der steril filtrierten Variante sind die SO_2-Verluste durch Oxidation am höchsten.

Werte ermittelt nach fünf Monaten konstanter Zufuhr von Sauerstoff aus genormtem Kopfraumvolumen

	steril filtriert	leicht hefetrüb (A 600 = 0,15)	stark hefetrüb (A 600 = 1,20)
gesamte SO2, mg/l	28	37	48
Acetaldehyd	18	86	135
flavonoide Phenole,mg/l	5,0	4,5	4,0
Gesamtphenole, mg/l	99	96	96

Tab. 7: Einfluss von Hefe während der oxidativen Lagerung eines Weißweins

Die geringfügige Abnahme von flavonoiden und Gesamtphenolen geht auf eine Adsorption durch die Hefe zurück. Gerbende Phenole können mit dem Eiweiß der Hefemembran in Reaktion treten und werden mit der Hefe teilweise entfernt.

4.3 Sauerstoff beschleunigt Selbstklärung

Es handelt sich um eine bekannte Beobachtung, dass sich im Holzfass oder Barrique vergorene Weine schneller klären als im Tank. Einige Gründe dafür sind offensichtlich. So weisen Holzfässer im Allgemeinen eine größere Oberfläche im Verhältnis zum Rauminhalt auf als Tanks. Die Gärungswärme kann schneller abstrahlen. Damit einhergehend nimmt die Wärmekonvektion im Wein ab. Weiterhin ist die Flüssigkeitshöhe im Fass meist geringer. Der Weg, den suspendierte Hefezellen bis zur Depotbildung zurücklegen müssen, verringert sich dementsprechend.

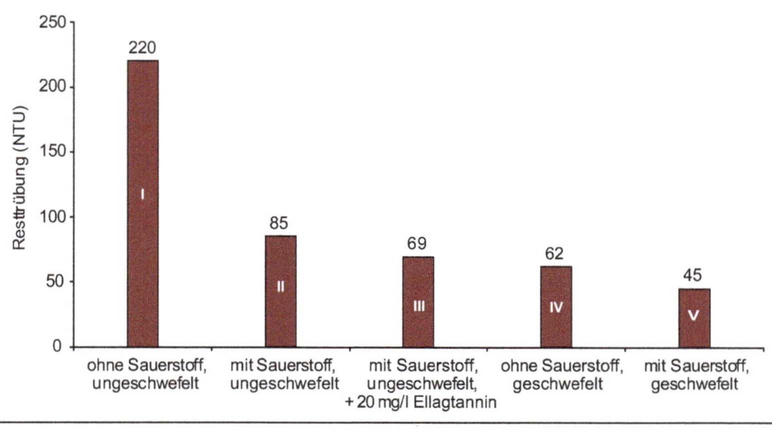

Abb. 14: Selbstklärung eines jungen Weißweins während 10 Tagen in Abhängigkeit von Sauerstoffzufuhr, Holztannin und schwefliger Säure

Unabhängig davon sollte untersucht werden, inwiefern die Sauerstoffzufuhr und die aus dem Holz extrahierten Gerbstoffe, die so genannten Ellagtannine, einen Einfluss auf die beschleunigte Selbstklärung im Holzfass ausüben. Dazu wurde ein hefetrüber Jungwein in fünf Standzylindern von je 1.000 ml bei 5° C der Sedimentation überlassen. Die Unterschiede zwischen den Varianten bestanden im Aufschwefeln (80 mg/l SO_2), der An- bzw. Abwesenheit von Sauerstoff (randvoll ohne bzw. mit Verschluss) und einem Zusatz von Ellagtannin (20 mg/l). Nach Ablauf von zehn Tagen wurde der Klärgrad gemessen in Form von Trübungseinheiten (NTU) auf halber Höhe der Zylinder. Abb. 14 zeigt die Ergebnisse.

In Abwesenheit von Sauerstoff klärt sich der ungeschwefelte Wein am schlechtesten. Solche Bedingungen liegen bei im spundvollen Tank gelagerten Jungweinen vor (Variante 1). Erfährt der ungeschwefelte Wein eine Sauerstoffzufuhr (Variante 2) entsprechend den Verhältnissen im Holzfass oder Barrique, verbessert sich der visuell beurteilbare Klärgrad um mehr als das Doppelte. Kommen zusätzlich Ellagtannine ins Spiel (Variante 3), kommt es zu einer weiteren Verbesserung der Sedimentation. Analog wirkt die schweflige Säure (Varianten 4 und 5).

Es ist festzustellen, dass alle drei Parameter – Ellagtannin, Sauerstoff und schweflige Säure – die Sedimentation der Hefe fördern. Ihre Einzeleffekte verhalten sich weitgehend additiv. Im Wesentlichen ist jedoch die dem Holzfass eigene Sauerstoffaufnahme für die bessere Selbstklärung gegenüber Tankweinen verantwortlich. Die zusätzliche Wirkung der Ellagtannine ist auf ihre Reaktion mit Proteinen der Hefemembran zurückzuführen, entsprechend der klassischen Eiweiß-Gerbstoff-Reaktion. Während einer fünfmonatigen Lagerung auf der Feinhefe konnte eine Reduzierung des Gehalts an Ellagtannin von 20–30 % beobachtet werden. Die klassische Empfehlung, weiße Barrique-Weine bereits zur Gärung in Holz zu legen und die Hefe nach der Gärung periodisch aufzuführen, macht sich diesen Effekt gezielt zu Nutze. Damit soll unter anderem einer einseitigen Überlagerung des Weins durch Holztannine entgegengesteuert werden.

Die eigentliche Ursache der Wirkung des Sauerstoffs auf die Sedimentation der Hefe ist weniger geklärt. Wahrscheinlich spielt eine dadurch ausgelöste Synthese von Fett und anderen Reservestoffen in den Hefezellen eine Rolle. Dieser Vorgang ist auch an der Maskenbildung in flaschenvergorenen Sekten beteiligt. In einer weiteren Phase kommt es zu einer autokatalytischen Zerstörung von Membranlipiden durch Oxidations- und Peroxidationsreaktionen, wobei die Hefeautolyse beschleunigt wird. Über den Effekt der schwefligen Säure auf die Sedimentation der Hefe kann schließlich nur spekuliert werden. Redoxreaktionen spielen wahrscheinlich eine geringere Rolle als die denaturierende Wirkung der schwefligen Säure auf Trub stabilisierende Kolloide.

4.4 Hefe sekretiert Reduktone

Nicht nur die in Schwebe befindliche Hefe als solche verbraucht Sauerstoff, sondern auch von ihr an den Wein abgegebene Verbindungen. Während ihrer Autolyse sekretiert sie reduzierende Aminosäuren wie Glutathion, Cystein und Homocystein, die sich im Wein anreichern und Sauerstoff auf direktem Weg zu binden vermögen. Ihr reduzierender Effekt addiert sich zu der Sauerstoffzehrung durch die Hefezellen. Unter den oxidativen Bedingungen des Ausbaus im Holzfass wird weniger an für Altersfirne verantwortliche Carbonylverbindungen wie 2,5-Furandicarbaldehyd, Furylhydroxymethylketon, Hydroxymaltol, Methional und Phenylacetaldehyd gebildet, wenn der Wein nicht abgestochen und geklärt, sondern mit der wöchentlich aufgeschlagenen Vollhefe gelagert wird (83).

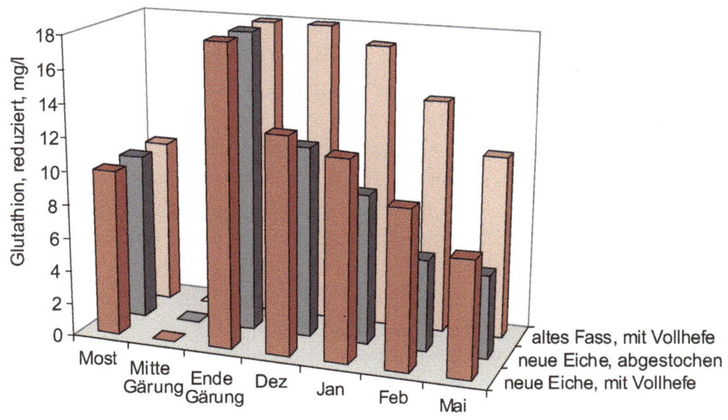

Abb. 15: Entwicklung des Gehaltes an Glutathion in Abhängigkeit von Abstich und Sauerstoffaufnahme (nach 83)

Abb. 15 zeigt die Entwicklung des Gehalts an Glutathion während des Weinausbaus unter verschiedenen Bedingungen. Mosteigenes Glutathion wird nach Eintritt der Gärung zunächst vollständig als Stickstoffquelle durch die Hefe aufgebraucht. Gegen Gärende wird Glutathion von der Hefe sekretiert und erreicht eine maximale Konzentration im frisch vergorenen Wein. Danach setzt wieder ein gradueller Abbau ein. Dieser ist abhängig von der Menge des aufgenommenen Sauerstoffs und der Menge der verbliebenen Hefe. Diese für den Ausbau im Barrique so wichtige Dynamik gilt im übertragenen Sinn auch für den Ausbau fruchtiger Weine im Tank.

Grundsätzlich üben reduzierende Aminosäuren aus der Hefeautolyse einen starken Oxidationsschutz aus, der mit zunehmender Sauerstoffaufnahme aufgebraucht wird. Die Unterbindung der Bräunung durch Zugabe von Homocystein belegt eindrucksvoll diesen reduzierenden Effekt (131).

4.5 Das Arbeiten mit der Feinhefe

Die vorangegangenen Ausführungen machen deutlich, warum der Hefe in der postfermentativen Phase viele positive Eigenschaften innewohnen. Sie erklären die mitunter erstaunliche Haltbarkeit flaschenvergorener Sekte, die selbst nach einem perfekten Abrütteln noch zahlreiche lebende Hefezellen pro Milliliter enthalten. Diese kommen auch dem Bestreben nach reduktiven Weinen mit betonten Fruchtaromen entgegen. Das gilt insbesondere während der Lagerung von Weißwein im Holzfass und in kleinen Tanks. Die Feinhefe, welche nach dem Abstich zurückbleibt, verlangsamt die oxidative Alterung des Weins, indem sie zutretenden Sauerstoff zehrt und gleichzeitig phenolische Katalysatoren der Oxidation adsorbiert.

Diese Aufgaben können selbstverständlich nur von gesunder, in Schwebe befindlicher Hefe erfüllt werden. Sedimentierte Hefe ist unwirksam. Abgesetzte Vollhefe stellt sogar eine potenzielle Böcksergefahr dar, wenn böckserlastige Weine unter reduktiven Bedingungen im Tank gelagert werden. Deshalb muss sie früher oder später entfernt werden. Erst die kontinuierliche Sauerstoffaufnahme, wie sie im Holzfass stattfindet, erlaubt ein gezieltes Arbeiten mit der Vollhefe über einen längeren Zeitraum unter Neutralisierung allfällig entstehender Böckser in dem Maße, wie sie sich bilden. Ein solches Vorgehen mündet in den Ausbau *sur-lie* ein.

Aufgrund des enormen Sauerstoffbindungsvermögens lebender Hefezellen genügt bereits eine optisch als leichter Schleier wahrnehmbare Feinhefe, um die reduktive Wirkung zu entfalten. Sie erlaubt keinen Verzicht auf das Aufschwefeln der Weine, sondern sollte in ihrer Wirkung durch freie schweflige Säure unterstützt werden. Bestenfalls kann der Zeitpunkt des ersten Aufschwefelns hinausgeschoben werden. Mittel- und langfristig besteht die Aufgabe der Feinhefe darin, die reduktive Wirkung der schwefligen Säure zu ergänzen. Ein periodisches Aufrühren ist dazu nicht erforderlich.

Filtrierte Weine sind oxidationsempfindlicher

Nach der Filtration schlägt der Einfluss von unvermeidbar aufgenommenem Sauerstoff, z. B. durch Schönung und Umlagerung, in voller Stärke auf den Wein durch. Daher ist es völlig kontraproduktiv, Weißweine zunächst zu filtrieren, um anschließend feststellen zu müssen, dass sie einer Schönung und erneuten Filtration bedürfen. Die vielerorts zu beobachtende Filtrationshysterie widerspricht dem Bestreben nach fruchtigen, aromaintensiven Weißweinen reduktiven Charakters. Sie ist auch zur Vermeidung eines ungewollten biologischen Säureabbaus überflüssig, da ein solcher in einem aufgeschwefelten Weißwein unter kühlen Lagerbedingungen praktisch ausgeschlossen ist. In trockenen Weinen im unteren und mittleren pH-Bereich ($pH < 3{,}5$) wird die mikrobiologische Stabilität mehr durch das Aufschwefeln als durch die Filtration hergestellt.

Ein trockener und mikrobiologisch stabiler Wein wird nicht dadurch besser, dass er möglichst frühzeitig scharf filtriert eingelagert wird. Feinhefe ist kein Schmutz vergleichbar mit dem Mosttrub, sondern als positiv wirkender Organismus ein durchaus ernst zu nehmendes Instrument der Qualitätsoptimierung. Ihre ständige Anwesenheit während des gesamten Weinausbaus kann als eine permanente Hefeschönung aufgefasst werden.

Unter qualitativen Gesichtspunkten wird der Zeitpunkt der Filtration vorgegeben durch den Beginn einer geruchlich feststellbaren Hefeautolyse, erkennbar an der typischen Aromanote nach Brot. In Anwesenheit einer leicht opaleszierenden Feinhefe wird diese im ersten Jahr kaum eintreten. Andererseits sind nicht wenige im Tank gelagerte Weine zu beobachten, die bereits ein Jahr nach der Ernte eine deutliche Altersfirne aufweisen. Durch längeres Belassen mit der Feinhefe können solche Aromadefekte hinausgezögert oder ganz vermieden werden.

Warum messen dennoch zahlreiche Erzeuger einer überzogen frühen Filtration eine geradezu mythische Bedeutung bei? Schuld daran ist eine einseitige Überfrachtung der Kellerwirtschaft mit Maschinentechnik zur frühen Zwangsklärung, die bereitwillig angenommen wird, weil sie ein trügerisches Gefühl der Sicherheit vermittelt – die Sicherheit, einen sauberen Wein zu haben, wobei optisch sichtbare Klarheit mit sensorischer Qualität verwechselt wird. Spät filtrierte Weißweine sind ungleich leichter und mit geringeren Differenzdrücken zu filtrieren. Dementsprechend sind die mechanische Belastung und Verluste von fein eingebundener Gärungskohlensäure und leicht flüchtigen Aromen geringer. Die niedrigeren Filtrationskosten sind dabei nur ein angenehmer Nebeneffekt.

4.6 Feinhefe und *sur-lie*: Unterschiede und Effekte

Die Lagerung mit der Feinhefe und der Ausbau *sur-lie* haben sich zu aktuellen Schlagwörtern einer vermeintlichen Avantgarde unter den Weinerzeugern entwickelt. Zum einen verunsichern sie, weil sie den Gegenpol zu einer weit verbreiteten Filtrationshysterie darstellen, mit der mikrobiologisch absolut stabile Weißweine völlig grundlos misshandelt werden. Zum anderen werden die beiden Begriffe teilweise beliebig gegeneinander ausgetauscht und mit Inhalten überfrachtet, denen sie nicht immer gerecht werden. Nicht zuletzt mögen sie auch den Eindruck innovativer Verfahren erwecken, obwohl sie im Grunde nur traditionelle Methoden des Weinausbaus darstellen.

Bei der Lagerung mit der Feinhefe und dem Ausbau *sur-lie* handelt es sich um verschiedene Vorgehensweisen mit unterschiedlichen Zielen. Gemeinsam ist beiden, dass sie sich die Anwesenheit von Hefe noch lange nach der Gärung zunutze machen. Der wesentliche Unterschied liegt in der Menge der Hefe, begleitenden Behandlungs- und Stabilisierungsmaßnahmen und den sich daraus ergebenden sensorischen Konsequenzen.

Sur-lie fördert Mundfülle

Im französischen Sprachgebrauch beschreibt der Ausdruck *lies* (pl.) die Hefe, die nach der Gärung im Wein verbleibt. Es wird differenziert zwischen den *lies fines*, entsprechend der Feinhefe nach einem ersten Abstich, und den *lies totales*, die die Gesamtmenge der Hefe einschließlich des abgesetzten Hefegelägers umfassen. Im Zuge der Internationalisierung des Begriffes versteht man heute unter *sur-lie* den Ausbau mit der Vollhefe unter Verzicht auf einen Abstich.

Insbesondere im Bereich der Weißweine ergab sich diese Art des Ausbaus bereits vor Jahrhunderten, nachdem man erkannt hatte, dass die Anwesenheit der Vollhefe auf natürliche Weise zu einer Intensivierung von Körper und Fülle der Weine beiträgt und gleichzeitig die Tendenz zur oxidativen Alterung mindert. In einigen Anbaugebieten wie an der Loire und in der Bourgogne wurde dieses Verfahren ununterbrochen gepflegt, während es in anderen Gebieten neu entdeckt wird.

Im Einzelnen laufen die bereits in Kapitel 4.1 genannten Reaktionen ab, nur in verstärktem Ausmaß. Unter sensorischen Aspekten steht dabei die Autolyse der Hefe im Vordergrund, weil sie zu einer Anreicherung von Mannoproteinen und Glucanen im Wein führt. Besonders die Mannoproteine sind für die Zunahme der Mundfülle verantwortlich und mindern den Bentonitbedarf durch Stabilisierung traubenbürtiger Eiweiße.

Während des Ausbaus *sur-lie* wird dieser Effekt verstärkt, indem die Vollhefe durch periodisches Aufrühren (*bâtonnage*) in Schwebe gehalten wird. Die Häufigkeit des Aufrührens hängt von der Sedimentationsgeschwindigkeit der Hefe und dem angestrebten Ziel ab. Abgesetzte Hefe ist der Sache wenig dienlich.

Traditionell ist dieses Vorgehen an das Holzfass gebunden. Die passive Sauerstoffaufnahme durch das Holz als semi-porösem Werkstoff erlaubt die Neutralisation entstehender Böckser. Die Übertragung des Verfahrens auf im Tank gelagerte Weine wurde jedoch erst durch das Aufkommen moderner Anlagen zur Mikrooxygenierung praktikabel. Die damit verbundene Regeltechnik erlaubt, die benötigten Sauerstoffmengen analog den Verhältnissen im Holzfass zuzuführen.

Der gezielte Ausbau *sur-lie* erfordert hohe Hefemengen und ein häufiges Aufrühren in annähernd wöchentlichen Intervallen während sechs bis zwölf Monaten, um eine sensorisch umsetzbare Intensivierung von Körper und Fülle zu erreichen. Mittels Zusatz von ß-Glucanase kann die Autolyse der Hefezellen durch Abbau ihrer Zellmembran gefördert werden. Hefemenge und Frequenz des Aufrührens sind jedoch entscheidender als eine Enzymierung. Da mit wenig SO_2 gearbeitet wird, ist der biologische Säureabbau praktisch unvermeidbar und für diesen Weintyp sogar erwünscht.

Zusammenfassend kann man feststellen, dass der Ausbau *sur-lie* zu einem Weintyp führt, bei dem nicht Sortenaroma, Fruchtigkeit und Frische, sondern Körper und Mundfülle im Vordergrund stehen.

Feinhefe fördert Frische und Fruchtigkeit
Per Definition handelt es sich bei der Feinhefe um die Hefemenge, die nach dem ersten Abstich zurückbleibt und den sogenannten Feintrub hervorruft, solange der Wein nicht filtriert wird. Ihre Eigenschaften sind prinzipiell mit denen der aufgerührten Vollhefe identisch, kommen aber aufgrund der beschränkten Hefemenge in ungleich geringerem Ausmaß zum Tragen. Ein wesentlicher Beitrag zur Mundfülle darf nicht erwartet werden (81).

Praktisch relevant ist mittel- und langfristig nur der Schutz vor oxidativer Alterung sowie die weniger strapaziöse Filtration des besser geklärten Weins. Aufgrund der geringeren Hefezellzahl und ihrer Tendenz zur Sedimentation kann die Reduktionskraft der Feinhefe mittelfristig nicht die der schwefligen Säure ersetzen, wohl aber effizient unterstützen. In letzter Konsequenz handelt es sich um einen Ersatz frühzeitiger Zwangsklärung durch eine weitgehende Selbstklärung zum Ausbau von Weißweinen, die durch Frische und Fruchtigkeit charakterisiert sind. Das Aufrühren der Hefe ist unter diesem Aspekt kontraproduktiv, weil es zu einer Auswaschung von Aromen durch entbindende Kohlensäure führt.

5 Schonende Weinbehandlung

5.1 Qualitätsverluste beim Weinausbau

5.1.1 Wie viel Technik benötigt der Wein?

Dieses Kapitel soll Sinn und Unsinn kellertechnischer Eingriffe in der täglichen Winzerpraxis erörtern. Es ist ein Leitfaden zur defensiven Weinbehandlung – defensiv, weil Qualität im Weinberg erzeugt wird und im Keller, je nach Einzelfall, erhalten, verfeinert oder zerstört wird. Was die Traube an Weininhaltsstoffen nicht mitbringt, kann durch kellertechnische Behandlung nicht oder nur notdürftig eingebracht werden. Dies gilt im weitesten Sinn für alle Weine, aber besonders im Bereich der sensiblen Weißweine können zahlreiche der als Routine durchgeführten Behandlungsmaßnahmen der Qualität sogar abträglich sein.

Die defensive Weinbehandlung führt zum Konzept der Minimalbehandlung unter Rückbesinnung auf absolut notwendige Mindeststandards. Sie ist eine der Strategien zur Aromaerhaltung und das handwerkliche Rüstzeug von Spitzenwinzern. Doch die kellertechnische Realität der Mehrzahl der Erzeuger hat sich von solchen Mindeststandards weit entfernt. Die technischen Einrichtungen sind teilweise beeindruckend. Hoch entwickelte Pressen, Flotation, Kältetechnik, Hefefilter, Kieselgurfilter, Schichtenfilter, Cross-Flow- und Membranfilter usw. sind gängige Bestandteile der Ausstattung vieler Winzerbetriebe. Sie leisten einen Beitrag zur Normierung der Qualität, reduzieren den Zufall und geben dem Anwender ein Gefühl der Sicherheit. Die maschinentechnische Ausstattung wird ergänzt durch eine beeindruckende Vielfalt von Behandlungs- und Zusatzstoffen, die der Handel in den verschiedensten Aufbereitungsformen anbietet: Tannine, Mannoproteine und Gummi arabicum als Geschmacksverstärker, glättende Schönungsmittel zur Reduzierung überschüssiger Tannine bzw. Gerbstoffe, Lysozym zur bakteriellen Stabilisierung von durch übertriebene Kälte in der Gärung hängengebliebenen Weinen, Bentonite zur Entfernung von Eiweiß und Lysozym. Und so wird nicht selten gerührt, gepumpt, filtriert, geschönt und wieder filtriert, bis der Wein leer und platt ist.

Damit stellt sich die Frage, wieviel Technik und wie viel Behandlung ein Wein wirklich benötigt. Anders ausgedrückt: Wird ein Wein unbedingt besser dadurch, dass er Gegenstand aller verfügbaren Behandlungen wird? Wann werden Behandlungen zum Selbstzweck, die nur das Gewissen beruhigen? Oder kann man durch einen Verzicht auf unnötige Behandlungen gar einen Beitrag zur Qualität leisten? Arbeitshypothese der folgenden Überlegungen ist die provokative Formulierung, dass jede Behandlung von Weißwein eine Behandlung zu viel ist. Hintergründe und alternative Vorgehensweisen werden mit dem Ziel diskutiert, durch einen schonenden Ausbau die Qualität bis zur Flasche zu erhalten.

Fruchtige Weißweine sind äußerst empfindliche Produkte, die sich durch eine hohe Intensität sensibler Fruchtaromen und einen belebenden Geschmack auszeichnen. Ungestraft überstehen sie ungleich weniger Strapazen als Rotweine, weil sie oxidationsempfindlicher und mit einem weniger stabilen Aroma ausgestattet sind. Selbst der laienhafte Beobachter kann nachvollziehen, dass ein großer Teil der intensiven Fruchtaromen des Jungweins bis zum Abfüllen verschwunden ist. Diese Effekte sind von Betrieb zu Betrieb unterschiedlich. Manchen Betriebsleitern gelingt es erstaunlich gut, die Qualitäten des jungen Weißweins auf die Flasche herüberzubringen. Andere wiederum werden bereits nach dem ersten Abstich mit müden und ausdruckslosen Weinen konfrontiert, obwohl sie sich mangels Vergleichs dieser Problematik nicht unbedingt bewusst werden. Eine Alterung, die im Keller provoziert wird, setzt sich auf der Flasche zwangsläufig fort.

Die Unterschiede im Erhalt der Fruchtaromen sind auf betriebsspezifische Variablen zurückzuführen, die sich durch physikalische und chemische Gesetzmäßigkeiten erklären lassen. Verdunstung, Oxidation und Adsorption sind die entscheidenden Vorgänge. Daraus leiten sich elementare handwerkliche Regeln zum schonenden Umgang mit Weißwein ab.

5.1.2 Aromaverluste durch Verdunstung

Aromastoffe sind dem Geruchssinn zugänglich, weil ihnen eine gewisse Flüchtigkeit innewohnt. Erst diese Flüchtigkeit erlaubt ihnen, bis zum Geruchsephitel der Nase vorzudringen. Sie bedingt aber auch, dass sich Aromen durch Verdunstung abreichern, sobald eine Oberfläche vorliegt. Keine chemischen Reaktionen der beteiligten Moleküle, sondern ihr banales Entweichen in die Atmosphäre ist für die in manchen Betrieben zum Teil extremen Aromaverluste während des Weinausbaus verantwortlich. Sie erklären, warum manche Weine bereits als Leiche auf die Flasche gelangen. Sind schließlich alle Aromen ausgetrieben, treten Fehltöne leichter in Erscheinung, da maskierende Effekte durch positive Komponenten entfallen.

An welchen Stellen des Ausbaus treten Aromaverluste durch Verdunstung auf? Das banale Hohlliegen der Weine liefert die dazu erforderliche Oberfläche. Sie tritt in der Praxis leider häufiger auf als wünschenswert. Entscheidend sind nämlich nicht die Zentimeter oder die Liter, die bis zur vollständigen Befüllung eines Gebindes fehlen, sondern die Größe der Oberfläche. Das Ausmaß der Verdunstung ist abhängig von dem Verhältnis der Oberfläche, (ausgedrückt in Flächeneinheiten) zur Flüssigkeitsmenge (ausgedrückt in Volumeneinheiten). Dieses Verhältnis nennt man spezifische Oberfläche, angegeben in cm^2/l.

In einem Verkostungsglas sind 100 ml Wein einer spezifischen Oberfläche von 200–300 cm^2/l ausgesetzt. Fehlen bei einem Holzfass 10 Liter Wein, entsteht leicht eine Oberfläche von 1.000 bis 2.000 cm^2, entsprechend einer spezifischen Oberfläche von 1–2 cm^2/l bei einem Fass von 1.000 l Rauminhalt. In liegenden Tanks mit flacher Decke kann das Fehlen von 10 oder 20 Liter Wein zu einer Oberfläche von mehreren m^2 führen. Handelt es sich um einen kubischen Tank mit 2 m^2 ebener Deckenfläche und 2.000 l Rauminhalt, entsteht so eine spezifische Oberfläche von 10 cm^2/l. In Tanks mit gewölbter Decke, besonders solchen stehender Bauart, führt das gleiche Kopfraumvolumen zu einer geringeren Oberfläche. Aromaverluste, die im stehenden Verkostungsglas innerhalb kürzester Zeit zu beobachten sind, stellen sich in teilbefüllten Lagerbehältern im Verlauf von Wochen und Monaten ein.

Der Stoffaustausch über die austauschaktive Oberfläche potenziert sich, wenn diese turbulent wird. Eine solche Situation stellt sich beim Durchmischen und während des Transports in teilbefüllten Behältern ein. Erhöhte Temperaturen führen zu einer weiteren Steigerung von Verdunstungsverlusten. Daraus ergibt sich der Vorteil winterlicher Kälte zur Durchführung erforderlicher Behandlungen sensibler Weißweine.

Über die Oberfläche ablaufende Reaktionen werden in der traditionellen Kellerwirtschaft meist unterschätzt. Nachlässigkeiten beim Spundvollhalten sind eine der häufigsten Ursachen strapazierter Weine, weil die Sorgfalt des Beifüllens meist am fehlenden Volumen oder an der Höhe des verbleibenden Kopfraums statt an der Größe der Oberfläche bemessen wird.

Es ist sinnvoll, die Gebinde bereits während der Gärung, sobald ein Überschäumen nicht mehr möglich ist, zur Eliminierung der Oberfläche vollständig beizufüllen. Meist ist dies schon nach der Vergärung von zwei Dritteln des Zuckers möglich. Unter diesen Bedingungen produziert die Hefe weiterhin fruchtige Gäraromen, die mangels Oberfläche nicht entweichen können. Dieses Prinzip der Aroma-Akkumulation ist recht effizient für Betriebe, die über keine Gärkühlung verfügen.

Die Überschichtung mit Stickstoff kann, richtig durchgeführt, durchaus eine Oxidation verhindern, nicht jedoch einen Verlust von Aromen durch Verdunstung in den Kopfraum des Behälters. Verdunstung als Stoffübergang von der flüssigen in die gasförmige Phase setzt voraus, dass ein Konzentrationsgefälle der verdunstenden Substanz besteht, welches zum Ausgleich tendiert. Der Konzentrationsausgleich ist erreicht, wenn der Partialdruck der Substanz in der Gasphase dem in der flüssigen Phase entspricht. Erst wenn dieser Gleichgewichtszustand erreicht ist, kommt die Verdunstung zum Stillstand. Es ist daher verständlich, dass ein mit Inertgas gefüllter Kopfraum genauso viel verdunstende Aromastoffe aufnehmen kann wie ein mit Luft gefüllter Kopfraum. Allein die Tatsache, dass die Luft durch Inertgas ersetzt und der Kopfraum sauerstofffrei ist, hat keinen Einfluss auf die Diffusion flüchtiger Weininhaltsstoffe über die Oberfläche in die wie auch immer beschaffene Atmosphäre. Deshalb ist der Einsatz von Inertgas kein vollwertiger Ersatz für das absolute Vollhalten der Gebinde.

5.1.3 Aromaverluste durch Oxidation

Inerte Bedingungen wie im Brauereigewerbe sind der Weinwirtschaft weitgehend fremd. Sie täte jedoch gut daran, sich die Sorgfalt der Braumeister beim Schutz vor Luftkontakt zu eigen zu machen.

Über die gleiche Oberfläche, über die bei jeder Behandlung Aroma und Kohlensäure zur Verdunstung kommen, nimmt der Wein atmosphärischen Sauerstoff auf. Leider sind filtrierte Weißweine oxidationsempfindliche Produkte, die durch schweflige Säure nur bedingt gegen die negativen Folgen einer Sauerstoffaufnahme geschützt werden. Wie in Kapitel 4 gezeigt, stellt eine leichte Hefetrübung durch Verzicht auf irrational frühe Filtration einen zusätzlichen Oxidationsschutz von Fassweinen dar.

Sicher kann ein überzogen reduktiver Ausbau zu zeitweilig verschlossenen Weinen führen und das Auftreten von Böcksern begünstigen. Ein unkontrolliert hoher Sauerstoffeintrag kann damit jedoch nicht gerechtfertigt werden. Bei der Herstellung der Füllbereitschaft, spätestens nach dem Abfüllen, erfahren die Weine eine höhere Sauerstoffaufnahme, als den meisten Weißweinen förderlich ist.

Bei den mechanischen Klärtechniken ist die Sauerstoffaufnahme in dem eingesetzten Gerät, sofern gut entlüftet, weit geringer als in den vor- und nachgelagerten Phasen. Bei jedem Pumpvorgang, sei es zum Umlagern oder zur Filtration, nimmt der Wein Sauerstoff auf, wobei die kritischen Phasen der Beginn und das Ende des Pumpvorgangs sind, weil sie zur Lösung des in den leer stehenden Schläuchen enthaltenen Sauerstoffs führen. Deshalb erfahren kleine Gebinde, auf den Liter umgerechnet, eine höhere Sauerstoffaufnahme als größere Weinvolumen. Während der Filtration liegt die Hauptursache des Sauerstoffeintrags in der in den Filtermedien eingeschlossenen Luft. In Zentrifugen ist die Sauerstoffaufnahme minimal, sofern sie über ein geeignetes Trubaustragssystem verfügen.

Ein signifikanter Sauerstoffeintrag findet jedoch beim Einlaufen in den Filtrattank statt. Er ist stark bei der Variante „Befüllen von oben" und weniger bedeutend bei der Variante „Befüllen von unten" (siehe Tab. 3). Die Art des Befüllens der Gebinde differenziert die den einzelnen Klärtechniken zugeschriebene Sauerstoffaufnahme erheblich. Qualitätseinbußen durch Filter und Zentrifugen sind erheblich von ihrer Handhabung abhängig; Maschinen sind nur so gut wie ihre Bedienung.

5.1.4 Aromaverluste durch Adsorption

Zahlreiche der in der Kellerwirtschaft eingesetzten Hilfsstoffe sind in der Lage, Aromastoffe zu adsorbieren. Die Adsorption von Aromastoffen wurde analytisch und sensorisch für einige Bentonite und Tiefbettfilter nachgewiesen. Von den Filtermedien adsorbiert Cellulose mehr als Kieselgur. Wohl bemerkt handelt es sich bei dem Vorgang der Adsorption um eine chemische Bindung an die betreffenden Medien.

Bei der Filtration über neue Schichten lässt sich ein Verlust von Geruchsstoffen in der anfänglichen Filtratmenge sensorisch leicht nachvollziehen. Auch von der Filtration von Rotwein her sind eingangs Farbverluste bekannt, die sich aber nach der Sättigung der Schichten mit Farbstoffen einstellen. In der filtrierten Gesamtmenge sind adsorptionsbedingte Verluste von Farbe und Aroma kaum noch signifikant. Vor der Schichtenfiltration sehr kleiner Weinvolumen ist jedoch ein vorgängiges „Weingrünmachen" der Schichten mit einem Wein geringerer Qualität oder größerer Menge sinnvoll.

Filtermedien entnehmen dem Wein auch Geschmack gebende Kolloide, und zwar umso mehr, je häufiger und schärfer filtriert wird. Zu solchen Kolloiden zählen kommerzielle Präparate von Gummi arabicum, aber auch Mannoproteine und Glucane aus der Hefe. Einige Hefen werden im Hinblick auf eine verstärkte Freisetzung solcher Stoffe vermarktet. Teilweise werden Enzyme eingesetzt, um diesen Effekt zu steigern. Ein großer Teil der mit solchen önologischen Maßnahmen aufgebauten Mundfülle wird durch wiederholte Filtration über feinporige Schichten und besonders Membranen als Endfilter wieder entfernt.

Nicht alle Weine müssen einem post-industriellen Trend der *non-filtered wines* entsprechen. Da es aber steriler als steril (das heißt gar keine Keime) nicht gibt, kann eine überzogene Schärfe der Endfiltration von zweifelhaftem Wert sein. Gerne wird übersehen, dass Sterilitätsprobleme meist eine Folge von Reinfektionen nach dem Endfilter sind. Davor vermag selbst die schärfste Filtration nicht zu schützen.

Qualitative Einbußen durch Filtration und Bentonitschönung können auch überbewertet werden. Treten sie auf, sind sie eher durch das damit einhergehende Rühren und Pumpen und die dabei ausgelösten Vorgänge von Oxidation und Verdunstung zu erklären. Eine Filtration kann schonend oder weniger schonend durchgeführt werden. Inwiefern eine einzelne Filtration als solches ein Faktor für die Weinqualität ist, lässt sich daher nur schwerlich quantifizieren. Der Qualität abträglich ist mit Sicherheit die Summe schlecht abgestimmter, mangelhaft durchgeführter oder gar überflüssiger Behandlungsmaßnahmen.

5.2 Maschinen und ihre Bedienung

Alle Behandlungsmaßnahmen entziehen dem Wein Substanz. Belastend wirken insbesondere physikalische Parameter, die sich indirekt aus den angewandten Techniken ergeben.

Während jedem Pumpvorgang entbindet Kohlensäure in der Saugleitung, im Pumpenkopf selbst und beim Entspannen der Druckleitung. Sie entweicht über die noch turbulente Oberfläche des in das Gebinde einströmenden Weins und trägt dabei, nach dem physikalischen Prinzip der Gaswäsche, flüchtige Aromen in die Atmosphäre. Diese Effekte können durch stehend hohe anstatt liegender Tanks, langsam laufende Pumpen, breite Leitungsquerschnitte ohne Luftsäcke und scharfe Umlenkungen, geringen Druckaufbau in der Leitung, laminare statt turbulenter Strömung und, nicht zuletzt, durch alle handwerklichen Maßnahmen guter kellertechnischer Praxis gemindert werden.

Eine laminare Strömung liegt vor, wenn der Wein bei niedriger Strömungsgeschwindigkeit in Schichten durch die Leitung strömt, ohne dass sich diese Schichten durch Turbulenzen, Verwirbelungen oder Querströmungen vermischen. Die turbulente Strömung ist die Bewegung von Flüssigkeit, die mit Verwirbelungen einhergeht. Durch entbindende Kohlensäure entstehen dabei Gasräume, in die Aromastoffe diffundieren und mit denen sie beim Einlauf in das Gebinde ausgetragen werden. Damit eine Strömung laminar ist, muss die Strömungsgeschwindigkeit unter 1,5 m/s liegen. Dieser Wert wird nur eingehalten, wenn die Fördermenge bei einem Leitungsquerschnitt von 32 mm auf 4.500 l/h und bei einem Querschnitt von 40 mm auf 6.500 l/h begrenzt ist. In den meisten kleinen, aber stetig wachsenden Betrieben sind die Leitungsquerschnitte für eine schonende Förderung zu gering.

Da jeder Pumpvorgang einer zu viel ist, gewinnt die Anwendung von Falldruck weltweit zunehmend an Bedeutung und wird bei der Projektierung neuer Kellerbetriebe berücksichtigt. Auch kann die Förderung durch Beaufschlagung des Ausgangsgebindes mit einem leichten Druck im Einzelfall eine brauchbare Alternative zu strapaziösen Pumpvorgängen darstellen. Ein Vorspannen des Leitungssystems mit Inertgas kann zwar die Sauerstoffaufnahme unterbinden, nicht jedoch Verluste von Aroma durch Verdunstung und Adsorption bei überzogener Weinbehandlung.

Die Frage nach dem schonendsten Klärverfahren – Kieselgurfilter, Cross-Flow-Filter oder Zentrifuge – erfährt in periodischen Abständen von etwa einem Jahrzehnt eine neue Bewertung. Stets wird dabei das eine oder andere Verfahren in völligen Verruf gestellt. Da systematische sensorische Untersuchungen zu den einzelnen Klärverfahren mehr als spärlich sind, werden Ergebnisse aus bestimmten Betriebssituationen meist verallgemeinert. Anhand von Fallstudien kann gezeigt werden, dass die Art der Anwendung einer maschinellen Technik – und damit der Faktor Mensch – größeren Einfluss auf das sensorische Ergebnis ausübt als die Maschine selbst.

Cross-Flow-Filter, die im Winzerbereich zum Einsatz kommen, arbeiten oft mit einem sogenannten Vorlaufbehälter, durch den das Produkt im Kreislauf geführt wird. In diesem offenen Vorlaufbehälter weist der Weine eine austauschaktive Oberfläche auf, über die Aromastoffe und Kohlensäure zur Verdunstung kommen. Dieser Effekt wäre zu vernachlässigen, wenn die Oberfläche nicht turbulent, der Wein nicht angewärmt wäre und seine durchschnittliche Verweilzeit im Vorlaufbehälter mit abnehmender Filterleistung nicht zunehmen würde. In Abhängigkeit von der Betriebsweise dieser Art von Cross-Flow-Filter konnten statistisch signifikante Unterschiede in der Qualität des Filtrats nachgewiesen werden:

- Nach der Filtration eines Gebindes Weißwein in zwei Vorlagetanks gleichen Volumens wies die erste Hälfte des Filtrats eine höhere Aromaintensität und mehr Kohlensäure als die zweite Hälfte auf, da der Wein zu Beginn mit niedriger Temperatur und kurzer durchschnittlicher Verweilzeit im Vorlaufbehälter den Filter passierte. Zunehmende Verlegung der Filterelemente in der zweiten Filtrationshälfte führte zu einem sensorisch weniger ausdrucksvollen Filtrat, da mehr flüchtige Bestandteile des inzwischen wärmeren Weins während einer längeren durchschnittlichen Verweilzeit unter turbulenter Oberfläche verdunsteten.

- Je niedriger die Ausgangstemperatur und je höher der Durchsatz, desto geringer sind die Verluste von Aroma und Kohlensäure bei Weißwein. Betrieb des Filters im unteren Leistungsbereich führt zu einem beschleunigt gealterten Weißwein. Im automatischen Betrieb sollte der Verblockungsschutz auf frühzeitiges Abschalten eingestellt werden.

Zentrifugen sind während des Betriebs randvoll befüllt und hermetisch abgeschlossen; ein Gasaustausch mit der Atmosphäre findet im kontinuierlichen Betrieb nicht statt. Die auf das Produkt einwirkenden Scherkräfte sind geringer als in einem Filter. Die Schwerkraft übersteht der Wein schadlos, denn er verhält sich wie in einer vollständig befüllten Flasche, die um ihre eigene Achse rotiert. Doch nach Verlassen der Zentrifuge wird der auf dem Wein anliegende Innendruck von ca. 5 bar auf annähernd Normalatmosphäre entspannt. Dabei tritt der bekannte Effekt ein, den man bei der Druckentlastung aller mit flüchtigen Substanzen angereicherten Flüssigkeiten beobachtet, zum Beispiel beim Öffnen einer Flasche Sekt: Es kommt zu einer spontanen Entgasung, die durch die Turbulenz des Weins und mit der Höhe der Druckdifferenz verstärkt wird.

Dieses Problem stellt sich auch beim Filtrieren und kann keineswegs durch Drosselung des Filterausgangs oder Gegendruck in der Filtratleitung gelöst werden. Irgendwann muss entspannt werden, spätestens beim Einlauf in das Gebinde. Dort findet ein Entgasen über die noch turbulente Oberfläche statt. In stehenden Tanks mit beschränkter spezifischer Oberfläche und hoher Flüssigkeitssäule ist der Substanzverlust tendenziell geringer als in liegenden Tanks. Eine Verbesserung wird erreicht, wenn man auf das Filtrieren im hohen Druckbereich verzichtet.

Oft stehen Filter oder Zentrifuge ebenerdig und der Wein fließt über eine Fallleitung in den Keller ab. Ist die Fallleitung nach unten nicht über den gesamten Querschnitt mit Wein befüllt, bewirkt der entstehende Sog einen Unterdruck in Funktion des Höhenunterschieds. Der Unterdruck über dem turbulent fließenden Wein führt zu einer Anreicherung von Aromastoffen und Kohlensäure in der Gasphase der Leitung. Abhilfe schafft ein Entlüften der Ausgangsleitung oder Verwendung einer solchen geringeren Querschnitts.

Grundsätzlich ist die Produktbelastung durch die maschinellen Klärtechniken stärker von der Bedienung des Gerätes und den nachgelagerten Phasen als von der Maschine selbst abhängig.

Eine besondere Bedeutung kommt dem Rühren bei Schönungen und Verschnitten zu. Dabei entsteht zwangsläufig eine turbulente Oberfläche mit entsprechenden Verdunstungsverlusten von Aroma und Kohlensäure. Gerade bei den im Winzerbetrieb gängigen, beschränkten Chargenvolumen ist die Minimierung der Oberfläche ein Gebot guter fachlicher Praxis. Die Verfügbarkeit frequenzgesteuerter Rührgeräte bietet eine interessante Möglichkeit, die Rührintensität dem Gebindevolumen anzupassen. Analog dazu lässt sich die Pumpenleistung durch eine Frequenzsteuerung auf das Weinvolumen oder den Leitungsquerschnitt abstimmen.

Verluste von Aroma und Kohlensäure gehen zwangsläufig miteinander einher. In dem Maß, in dem es gelingt, natürliche Gärungskohlensäure bis zum Abfüllen zu erhalten, wird auch ein wesentlicher Beitrag zum Erhalt des Aromas und der Gesamtqualität geleistet. Frühe und starke Kohlensäureverluste sind ein einfach zu erkennendes Indiz für eine zu strapaziöse Weinbehandlung.

5.3 Zeitpunkt des Abstichs

Jedes Jahr, wenn sich die Phase der Gärung dem Ende nähert und die ersten Jungweine zur Verkostung anstehen, ist der Moment für immer wiederkehrende Diskussionen über kellertechnische Maßnahmen gekommen. Themen wie der Zeitpunkt des Aufschwefelns, des Abstichs und der Klärung stehen im Vordergrund. Trotz ihrer Banalität sorgen sie für Verunsicherung, weil einerseits eine fast grenzenlose Technik zur frühzeitigen Zwangsklärung zur Verfügung steht, während andererseits gezielt mit önologischen Optionen wie BSA im Weißwein und der Lagerung mit der Hefe operiert wird. In dieser Situation kontrastiert das gelassene Vorgehen der einen mit dem panikartigen Aktionismus der anderen, die in pauschalen Rundumschlägen zur frühzeitigen Bereitstellung filtrierter Weine ein Gefühl der Sicherheit suchen. Damit stellt sich die Frage, wie schnell die Jungweine geklärt bzw. bearbeitet werden müssen.

Der erste Abstich verfolgt das Ziel, den teilgeklärten Wein von der sedimentierten Depothefe abzutrennen. Ein solcher Schritt setzt voraus, dass sich bereits genügend Hefe abgesetzt hat, von der überhaupt abgestochen werden kann. Ist dies nicht der

Fall, wird der Abstich zu einem überflüssigen Umpumpen symbolischer Natur, welches sensible Weißweine nur unnötigerweise belastet. Das Sedimentationsverhalten der Jungweine ist von Gebinde zu Gebinde unterschiedlich. Deshalb lässt sich kein fester Zeitpunkt für einen sinnvollen ersten Abstich angeben. Er ergibt sich allein durch Beobachtung des Klärverhaltens jedes einzelnen Weins, kaum jedoch aus den kollektiven Reflexen der örtlichen Winzerschaft.

Im Zeitalter scharfer Mostvorklärung besteht das Hefegeläger im wahrsten Sinne des Wortes fast nur aus Hefe, da Verunreinigungen aus der Traubenverarbeitung mit der Mostbehandlung entfernt wurden. Daraus resultiert, in Verbindung mit schlechten Vermehrungsbedingungen für die Hefe, eine Tendenz zu teilweise extrem geringen Hefemengen nach der Gärung. Hefe ist kein Schmutz und als solche nicht negativ. Die Neigung zu einem frühen Abstich muss daher rational überdacht werden. Er ist sinnvoll, wenn der Most schlecht vorgeklärt war oder der Wein zu einer starken Böckserbildung neigt, woran die Depothefe einen erheblichen Anteil hat. Er ist vollständig überflüssig, wenn ein Fuder einwandfreien Weins, wie so oft in der Praxis beobachtet, nur ein oder zwei Eimer Depothefe aufweist. Der Verbleib eines solch geringen Hefegelägers bis in das Frühjahr des Folgejahres hinein beeinflusst weder die mikrobiologische Stabilität noch die sensorischen Eigenschaften des Weins auf negative Weise. Im Gegensatz zu in Schwebe befindlicher Hefe ist es biologisch inaktiv und trägt, besonders in kalt gelagerten und geschwefelten Weißweinen mit niedrigem pH-Wert, weder zur Nachgärung verbliebenen Restzuckers noch zu einem ungewollten BSA bei.

Rein technisch gesehen führt ein zeitlich verzögerter oder ganz unterlassener Abstich zu einer Lagerung auf der Vollhefe, doch bleibt der sensorische Effekt eines Ausbaus *sur-lie* aus, wenn Hefemenge, ihr abgesetzter kompakter Zustand sowie die Dauer ihres Verbleibs im Wein den Ansprüchen an eine solche Art des Ausbaus nicht genügen. Wird ein bis ins Frühjahr verzögerter Abstich mit der Filtration des inzwischen weitgehend selbstgeklärten Weins kombiniert, bewegt sich die Weinstilistik vielmehr in die fruchtig-reduktive Richtung. Ursache ist die schonende bzw. minimalisierte Weinbehandlung durch Verzicht auf überflüssiges Bewegen des Weins. Was unter anderen Rahmenbedingungen (schlechtere Vorklärung, mehr Hefe) früherer Jahrzehnte richtig war und die Lehrmeinung von Generationen prägte, kann nicht vereinfachend auf gegenwärtige Verhältnisse übertragen werden.

Der gezielte Ausbau *sur-lie* strebt eine Verstärkung der Geschmackseindrücke von Körper und Vollmundigkeit bis hin zur Cremigkeit an. Dazu sind eine große Hefemenge und deren periodisches Aufrühren unter moderater Sauerstoffzufuhr während mindestens sechs bis zwölf Monaten erforderlich. Obwohl ein solcher Ausbau nicht unbedingt oxidativ sein muss, verändert sich dabei zwangsläufig auch die Aromatik. Es besteht kein Zusammenhang zwischen dem Ruhen des Weins auf seiner abgesetzten Hefe während einiger Monate und einem Ausbau *sur-lie*. Zu unterschiedlich sind die Größenordnungen.

5.4 Selbstklärung statt Zwangsklärung

Noch entscheidender als die Frage nach dem ersten Abstich ist die der Filtration. In einem bakteriell unbelasteten Jungwein besteht der in Schwebe befindliche Trub überwiegend aus Hefezellen. Diese gehen keine Reaktionen mit Schönungsmitteln ein, so dass sich moderne Weißweine durch eine Klärschönung kaum klären lassen. Sie sind jedoch Träger zahlreicher positiver Eigenschaften, die bereits in Kapitel 4 erörtert wurden und von denen die Reduktionskraft im Vordergrund steht.

Um die meist unterschätzte Reduktionskraft eines selbst geringen Hefeschleiers auszunutzen, ist es sinnvoll, alle wirklich notwendigen Behandlungen im noch unfiltrierten Wein durchzuführen. Absurd ist es, zu filtrieren und danach festzustellen, dass der Wein geschönt und damit erneut filtriert werden muss.

Der autolytische Zerfall der suspendierten Hefe führt zu einer Anreicherung von Mannoproteinen im Wein, die zu einer Verbesserung der Mundfülle beitragen. Ein solcher Effekt ist in gewissem Ausmaß während der ersten Wochen nach der Gärung zu beobachten. Die Filtration direkt nach der Gärung ergibt stets einen merkbar dünneren Wein als nach dreimonatigem Lager mit der Feinhefe.

Vielerorts setzt alsbald nach Abschluss der Gärung eine Filtrationshysterie ein, die in keinem Zusammenhang mit den vielfältigen Vorteilen einer Lagerung mit der Feinhefe steht. Sie ist zu erklären durch einen emotionalen Handlungsbedarf und eine Unkenntnis der chemischen und mikrobiologischen Zusammenhänge, weil Feinhefe mit Schmutz verwechselt wird und filtrierte Weine ein trügerisches Gefühl von Sicherheit und Qualität vermitteln. Die zum Teil bestehende Tendenz, mikrobiologisch absolut stabile Weißweine unter Einsatz massiver Maschinengewalt frühestmöglichst glanzhell zu filtrieren, ist der Qualität absolut abträglich. Sie entspringt einem zwanghaften Technik-Optimismus, der zum Alibi für persönliche Unsicherheit wurde. Deshalb zählen Filter zu den beliebtesten Spielzeugen vieler Winzer.

Damit stellt sich die Frage, wie lange ein Wein mit seiner Feinhefe lagern kann. Die Antwort ist abhängig vom Zustand des Weins und keineswegs durch allgemein gültige Rezepte zu beantworten. Eine frühe Filtration ist stets bei mikrobiologisch instabilen Weinen angebracht. Diese sind solche mit hohem pH-Wert (über 3,6), bakterieller Belastung und warmer Lagerung. Elementare analytische Daten wie pH-Wert, Restzucker, Äpfel- und flüchtige Säure sind eine Hilfe zur Beurteilung. Restsüße Weine erfordern die Filtration dann, wenn die Gefahr einer Nachgärung droht, meist hervorgerufen durch eine Erwärmung. In allen anderen Fällen ist eine frühzeitige Filtration kontraproduktiv. Sie entfernt nicht nur die dienliche Feinhefe, sondern belastet den Wein gleichzeitig durch starke Substanzverluste, sei es von natürlicher Kohlensäure durch Entbindung, von Aroma durch Verdunstung, Adsorption und Oxidation, oder von geschmacklich aktiven Kolloiden durch Fixierung in den Filtermedien. Schwerwiegend sind die Folgen von kellertechnischem Aktionismus, wenn in der Kelleratmosphäre deutlich das Aroma wahrnehmbar ist, das eigentlich im Wein verbleiben sollte.

Je später die Filtration, desto weniger belastet sie den Wein. Deshalb erfordert eine schonende Weinbehandlung eine weitgehende Selbstklärung.

Kleine Gebinde im Winzerbetrieb erfahren naturgemäß eine schnellere Selbstklärung als große Weinvolumen. Unter diesen Bedingungen kann sich, trockene bzw. mikrobiologisch stabile Weine vorausgesetzt, als optimalster Zeitpunkt zur Filtration durchaus der Moment kurz vor dem Abfüllen bewähren. Auch bei einer Überlagerung sind solche Weißweine besser vor Alterung geschützt, wenn auf eine

Filtration verzichtet werden kann. Unter diesem Aspekt müssen einige meinungsbildende Schlagwörter früherer Jahrzehnte dringend revidiert werden. Die Lagerung mit der Feinhefe ist keine Erfindung der Neuzeit, sondern entspricht dem traditionellen Weinausbau. Der unreflektierte, missbräuliche oder gar zwanghafte Einsatz sinnlos früher Filtration in der Breite ist nicht modern, sondern eher ein Zugeständnis an den bäuerlichen Esprit. Eine irrational frühe Zwangsklärung hat den einzigen Vorteil, dass versteckte Qualitätsmängel rascher in Erscheinung treten.

Abstich und Klärung stehen in engem Zusammenhang mit der Schwefelung. Sie ist das entscheidende Instrument zur Herstellung mikrobiologischer Stabilität in trüben Jungweinen. Deshalb werden Weißweine traditionell nach Abschluss der Gärung umgehend aufgeschwefelt. Diese alte handwerkliche Regel hat auch heute noch Gültigkeit, wenn man einen unerwünschten BSA zu unterbinden beabsichtigt. Trotzdem wird sie teilweise in Frage gestellt mit dem Hinweis auf ein erhöhtes SO_2-Bedürfnis, wenn Jungweine zu frühzeitig auf der Vollhefe aufgeschwefelt werden. Richtig ist zweifellos, dass in den ersten Tagen nach Ende der Gärung der SO_2-Bindungspartner Acetaldehyd geringfügig reduziert wird, sofern er überhaupt in relevanten Konzentrationen vorliegt. In der Praxis schlägt sich diese Minderung in nur wenigen mg/l in der SO_2-Bilanz nieder und ist ohne weit reichende Bedeutung. Dies ist ein Beispiel dafür, wie theoretisch richtige Aussagen in ihrer realen Tragweite verzerrt interpretiert werden können.

Handelt es sich um einen durchgegorenen Wein, besteht absolut kein Zusammenhang zwischen dem Aufschwefeln auf der Hefe und Schwefelfressern. Insofern kann ein Aufschwefeln erst nach dem ersten Abstich keine Probleme mit Schwefelfressern lösen, weil solche ihre Ursache woanders (Fäulnis, Gärung, Nachgärung) haben und dort gelöst werden müssen.

Das Aufschwefeln kann ebenso wie der erste Abstich hinausgezögert werden, wenn ein trockener Wein eine schlechte Selbstklärung erfährt, kalt lagert oder ein BSA gewollt bzw. akzeptiert ist. Unverantwortlich und sachlich haltlos ist es, Weißweine erst nach ihrer Klärung aufzuschwefeln. Solche Weine sind ungeschützt der Oxidation mit allen Konsequenzen für die Aromatik ausgesetzt.

5.5 Most- statt Weinbehandlung

Das Gebot der schonenden Weinbehandlung erspart empfindlichen Weißweinen unnötige Qualitätseinbußen, erfordert jedoch eine konsequente Mostbehandlung. Dazu zählt zunächst eine scharfe Mostvorklärung. Sie entfernt Rückstände aus der Traubenverarbeitung, verbessert die Reintönigkeit, verstärkt die Fruchtaromatik und erlaubt eine spätere und damit schonendere Klärung der Weine. Die gleichzeitige Behandlung mit Bentonit kann eine Eiweißstabilisierung im Weinstadium überflüssig machen, trägt aber wenig zur Selbstklärung der Moste bei. Mostgelatine kann in bestimmten Situationen Vorläuferstufen späterer Gerbstoffe reduzieren, sofern diese überhaupt vorliegen, hat jedoch mangels Flockungspartner ebenfalls nur geringen Einfluss auf die Selbstklärung des Mostes. Erst die Einführung von hochwirksamen Klärenzymen und der Flotation führte zu einer Mostvorklärung in der Schärfe, wie man sie heute in vielen Betrieben kennt. Darüber hinaus fördert die Enzymierung der Moste die Selbstklärung der späteren Weine und ermöglicht eine produktschonendere und kostengünstigere Filtration.

Unter qualitativen Aspekten kann die Mostvorklärung nicht scharf genug sein. Ihre Schärfe findet aber ihre Grenze an der Gärfähigkeit des Produktes. Schleppende und unvollständige Endvergärungen kehren vordergründige Qualitätsvorteile rasch ins Gegenteil um, weil sie eine Ursache bakteriell bedingter Weinfehler sind, von denen die zunehmende Verbreitung findende flüchtige Säure an erster Stelle steht. Enzymierung und Flotation, bei richtigem Einsatz technisch wertvolle Instrumente, haben die Schärfe der Mostvorklärung in nicht wenigen Betrieben außer Kontrolle geraten lassen. In Verbindung mit unkontrolliert niedrigen Gärtemperaturen und zu sparsamer Dosage von Hefe und Hefenährstoffen oder gar Spontangärung sind die bekannten mikrobiologischen Probleme vorprogrammiert.

Zweifellos liefern die verschiedenen Techniken zur Mostvorklärung unterschiedliche Klärgrade. Die Frage ist aber nicht so sehr die Art ihrer Durchführung, sondern ihr Ergebnis, beurteilt als die erreichte Klärschärfe oder der verbleibende Resttrub. Resttrubgehalte von weniger als 0,1 Gewichtsprozent oder 20 NTU stellen die Endvergärung in Frage. Unter gärtechnischen als auch qualitativen Gesichtspunkten ist im geklärten Most ein Resttrubgehalt von 20–50 NTU optimal. Es wäre wünschenswert, dass diesem Parameter mehr Beachtung geschenkt würde. Leider wird in der gängigen Praxis die Art der Durchführung überbewertet und das Ergebnis vernachlässigt.

5.6 Der psychologische Schönungsbedarf

Bis Anfang der 1980er Jahre erstreckte sich das Spektrum der verfügbaren Weinbehandlungsmittel auf nur wenige Produkte, die wirklich gebraucht wurden. Das war gut so, weil niemand in Versuchung kommen konnte, durch Einrühren völlig überflüssiger Präparate seinen Wein unnötig zu belasten. Zwischenzeitlich hat sich eine eigenständige Industrie für Behandlungs- und Zusatzstoffe entwickelt, die sich reger Nachfrage erfreut, ohne ein einziges der bestehenden Qualitätsprobleme grundlegend lösen zu können. Dabei geht es nicht um die erfreuliche Entwicklung der Biotechnologie, deren Fortschritte hin zu besseren Hefen, Enzymen und Bakterienkulturen eine verbesserte Erschließung des von den Trauben vorgegebenen Qualitätspotenzials erlauben. Zu einem Problem ist vielmehr das ausufernde Angebot von Behandlungs- und Zusatzstoffen geworden, mit denen etwas aus dem Wein entfernt werden soll, von dem er vermeintlich zu viel enthält oder mit denen etwas in den Wein eingebracht werden soll, was er von der Traube nicht mitbekommen hat. Die damit verbundene Werbung hat eine Art psychologischen Schönungsbedarf geweckt, der eine ernst zu nehmende Größe in weiten Kreisen der Winzerschaft darstellt.

Der psychologische Schönungsbedarf entspringt einem Gefühl der Unsicherheit oder tatsächlichen Wissensdefiziten und äußert sich darin, dass Weine ohne sachlich haltbaren Vorteil allein zur Beruhigung des eigenen Gewissens behandelt werden. Er gipfelt in dem Glauben, dass ohne Einsatz von Schönungs- und Zusatzstoffen kein zeitgemäßer Wein mehr hergestellt werden könne. Er wird befriedigt durch ein ständig wachsendes Spektrum solcher Präparate, von denen der größte Teil überflüssig bzw. austauschbar, ein weiterer Teil kontraproduktiv und ein geringer Anteil sinnvoll ist. Sind vermeintliche Verbesserungen dieser Art mit zusätzlichen Rühr-, Pump- und Filtrationsvorgängen verbunden, sind die Schäden meist größer als der Gewinn.

Die Einsicht in diese Zusammenhänge fällt schwer, solange önologische Lehrmeinungen durch die Werbung gemacht und Önologie mit Pharmazie verwechselt wird. Sicher ist, dass sich die meisten Anwender völlig im Unklaren sind über Zusammensetzung, Wirkungen und Nebenwirkungen all der Produkte, die ihnen verkauft werden. Nur die Aneignung profunder Fachkenntnisse vermittelt ein nachhaltiges Verständnis der stofflichen Zusammenhänge und verschont vor geistiger Vereinnahmung durch populistische Meinungsbildner.

5.7 Minimalbehandlung durch kontrolliertes Nichtstun

Hochwertige Weine beziehen ihre Wert gebenden Inhaltsstoffe aus hochwertigen Trauben. Überzogene Erträge, mangelnde physiologische Reife oder Fehler bei der Trauben- und Mostverarbeitung sind die primären Ursachen von Qualitätsdefiziten, die mit einer Reparaturstrategie nicht zu beheben sind. Sicher rechtfertigen behandelbare Fehltöne oder Instabilitäten eine gezielte Behandlung, aber diese funktioniert auch heute noch mit ganz wenigen Basisprodukten wie vor 30 Jahren.

Wer zu viel Behandlung vornehmen muss, macht im Herbst etwas falsch und ist von der Herstellung „großer“ Weine weit entfernt. Da Schönungen stets unerwünschte Nebenwirkungen haben, sind sie für empfindliche Weißweine der fruchtigen Art stets eine Belastung. Deshalb ist die optimale Art des Ausbaus dann erreicht, wenn Schönungen und vergleichbare Behandlungen überflüssig sind. Ab einem gewissen Niveau ist die Weinerzeugung zwangsläufig naturnah und mit den Ansprüchen an Bio-Produkte kompatibel.

Große Weißweine setzen beste Trauben, eine mechanisch schonende Vinifikation und eine konsequente Mostbehandlung voraus. Unter kellertechnischen Aspekten ist ein mehr als behutsamer Einsatz von Technik erforderlich, will man Weine mit eigenem Profil ausarbeiten, die sich von der gesichtslosen Masse abheben. Sie sind das Ergebnis eines kontrollierten Nichtstuns, wobei die Betonung auf dem deutlichen Zusatz „kontrolliert“ liegt. Nach dem Beifüllen und Aufschwefeln erfolgen Eingriffe in die natürliche Entwicklung nur in Funktion der Notwendigkeit des Einzelfalls. Damit ist das Prinzip der Minimalbehandlung erfüllt. Ins Extrem getrieben, sind auf diesem Weg viele große Weißweine entstanden, die zwischen Gärende und Abfüllung nur einmal bewegt wurden. Es ist dies der einmalige Pumpvorgang, der den ersten Abstich und die Filtration in sich vereinigt.

Voraussetzung für ein solches Vorgehen ist die Bereitschaft, emotional gesteuertes Handeln nach populistischen Schemata durch kritisches Hinterfragen der Zusammenhänge zu ersetzen. Dies erfordert eine solide Ausbildung.

6 Gerbstoffe im Weißwein

6.1 Beurteilung des Gerbstoffgehalts

Gerbstoffe, in Rotwein auch Tannine genannt, beeinträchtigen den Geschmack vieler Weißweine durch ihre Adstringens und Bittere. Nicht selten tritt der Fall ein, dass ein fruchtiger Weißwein zur Abfüllung gelangt und sich wenige Monate später mit einem gerbenden Nachgeschmack präsentiert, der mit zunehmender Lagerung schließlich das Geschmacksbild dominiert. Da das Auftreten von Gerbigkeit an den Faktor Zeit gebunden ist, kann man sie als eine der möglichen Formen ungewollter Alterung ansehen. Sie steht in engem Zusammenhang mit der phenolischen Zusammensetzung und der Sauerstoffumsetzung des Weins.

Auf die sensorische Umsetzung der Adstringens und Bitterkeit von Gerbstoffen wird in Kapitel 9.1 ausführlich eingegangen. Beide Sinneswahrnehmungen sind charakteristisch für Rotweine, werden dort erwartet und innerhalb gewisser Grenzen als positiv bewertet. In Weißweinen sind sie meist unerwünscht, wobei die Akzeptanzschwelle von persönlichen Präferenzen sowie regionalen und kulturellen Gewohnheiten abhängig ist. Unabhängig von spezifischen Weintypen oder subjektiven Qualitätsbewertungen besteht weltweit eine Tendenz, die Gerbigkeit in Weißweinen zu minimieren und die Qualität in anderen Wert gebenden Inhaltsstoffen zu suchen. Daraus erklärt sich die Bedeutung schonender Verfahren zur Traubenverarbeitung und des breiten Spektrums Gerbstoff mindernder Schönungsmittel.

Gesamtphenol, gute und schlechte Phenole

Über lange Zeit hinweg, teilweise noch bis heute, versuchte man der Problematik von Haltbarkeit und Gerbigkeit über die Bestimmung des Gesamtphenolgehalts näherzukommen. So fordert die Sektindustrie traditionell einen Höchstgehalt an Gesamtphenol von 200 bis maximal 250 mg/l für Sektgrundweine. Warum man nicht ähnliche Forderungen für Stillweine stellte, ist unverständlich, da Wein und Sekt den gleichen Anforderungen an die geschmackliche Stabilität unterliegen.

Inzwischen weiß man, dass der Gesamtphenolgehalt als Kriterium sachlich falsch und irreführend ist. Er ist ein analytischer Anachronismus aus einer Zeit, zu der bessere Methoden noch nicht zur Verfügung standen. Dies hat zwei Gründe:

- Die Ermittlung des Gesamtphenolgehalts, wie sie mittels der Reagenz nach Folin-Ciocalteu durchgeführt wird, ist eine wenig spezifische Reduktionsmethode, in deren Ergebnis auch freie und gebundene SO_2 sowie Zucker eingehen (95, 178, 164). In Rotweinen mit ihren hohen Phenolgehalten fallen diese Störungen kaum ins Gewicht, so dass die Methode dort zur Quantifizierung von Tannin und

Anthocyan herangezogen werden kann. In Mosten und Weißweinen ist ihre Bestimmung delikat und wenig reproduzierbar. Sie erlaubt in trockenen Weißweinen jedoch eine Bestimmung von Gesamtphenol, sofern die gesamtschweflige Säure vorgängig eliminiert wird (143).

- Der Gesamtphenolgehalt ist als solcher für Weißweine aussagelos, weil er sich aus der Ermittlung eines unbrauchbaren analytischen Parameters ergibt. Längst hat man erkannt, dass sein Zusammenhang mit der sensorischen Stabilität mehr als vage ist und nur eine ganz bestimmte Phenolfraktion, nämlich die der flavonoiden Phenole, den Schlüssel zu dem genannten Problemfeld der Ausbildung von Gerbigkeit darstellt.

Vereinfacht dargestellt, setzt sich der Gesamtphenolgehalt aus flavonoiden und nichtflavonoiden Phenolen zusammen. Mengenmäßig dominierend sind die geschmacklich wenig relevanten Nichtflavonoiden, die im Pulpsaft der Beeren gelöst und damit von den Trauben her vorgegeben sind, ohne dass ihre Konzentration im Wein durch das Vinifikationsverfahren wesentlich beeinflusst wird. Sie bestehen aus Estern von Phenolcarbonsäuren sowie deren Oxidationsprodukten. Darunter stehen Hydroxyzimtsäuren wie die Caftarsäure an erster Stelle. Prinzipiell sind diese Substanzen bitter und adstringierend. Da sie aber mit ca. 200 mg/l nur in einem Konzentrationsbereich um den Geschmacksschwellenwert vorliegen, tragen sie bestenfalls zu Sinneseindrücken wie Körper und Fülle bei und sind als Qualitätskriterium eher positiv zu bewerten (2, 165, 166, 185). Eine geschmacklich nachvollziehbare Dynamik während der Weinalterung wohnt ihnen nicht inne.

Zu dem relativ konstanten Gehalt der nichtflavonoiden Phenole addieren sich unterschiedliche Mengen von Phenolen flavonoider Struktur (C6-C3-C6), die hauptsächlich aus Abkömmlingen des Catechins bestehen. Nur sie bilden Gerbstoff aus und können zur Bräunung führen. Sie sind ausschließlich in den festen Bestandteilen der Traube lokalisiert und werden aus diesen in Abhängigkeit von Maischestandzeit und mechanischer Belastung des Leseguts extrahiert (2, 34, 129, 130, 163, 167, 168).

Unglücklicherweise weist der Flavonoidgehalt keine brauchbare Korrelation mit dem Gesamtphenolgehalt auf. Ursache sind stark schwankende und rebsortenab-

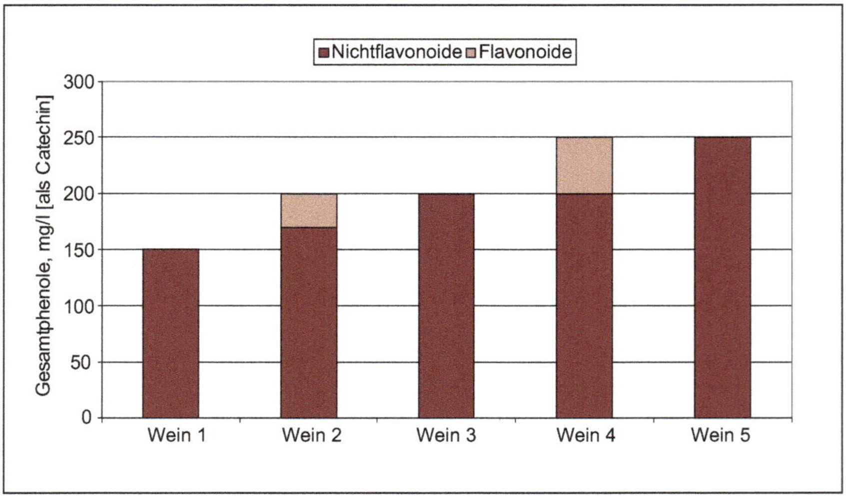

Abb. 17: Flavonoide und nichtflavonoide Phenole bei teilweise identischem Gesamtphenolgehalt in authentischen Weißweinen

hängige Gehalte an nichtflavonoiden Phenolen. Abb. 17 zeigt anhand authentischer Proben, dass bestimmte Weißweine mit hohem Gesamtphenol durchaus flavonoidfrei sein und andere wiederum trotz eines geringen Gesamtphenolgehalts einen erheblichen Flavonoidanteil aufweisen können. Daher erfordert die Beurteilung des Gerbstoffgehalts eine spezifische Bestimmung der flavonoiden Phenolfraktion.

Bestimmung des Flavonoidgehalts

Da die klassische Bestimmung des Gesamtphenolgehalts nach Folin-Ciocalteu bereits einen Mangel an Robustheit, Spezifität und Präzision für den niedrigen Konzentrationsbereich in Weißwein aufweist, treten diese Schwächen in daraus abgeleiteten Methoden zur Flavonoidbestimmung noch stärker hervor (18, 143). Alternative methodische Ansätze auf Basis des UV-Spektrums (175) zeigen ähnliche Defizite. Die chromatographische Aufschlüsselung der in dieser Fraktion enthaltenen Einzelsubstanzen hat sich für die Praxis als unbrauchbar erwiesen allein deshalb, weil man „unter einer Vielfalt von Bäumen den Wald nicht sieht". Ein Zusammenhang mit der Sensorik ist nicht zu erkennen.

Bewährt im Routinebetrieb hinsichtlich Spezifität, Reproduzierbarkeit und Aussagekraft hat sich eine photometrische Bestimmung der flavonoiden Phenole als Summenparameter mittels 4-Dimethylamino-zimtaldehyd (105, 145, 201) und ihre Angabe in Form einer Referenzsubstanz, hier Catechin. Das geschieht analog der Bestimmung der einzelnen Säuren als Gesamtsäure, die als Weinsäure ausgedrückt wird. Die praktische Aussagekraft dieser Bestimmung äußert sich in einem ganz engen Zusammenhang zwischen analytisch ermitteltem Flavonoidgehalt, Gerbigkeit und aromatischer Stabilität des Weins.

Durch Auswertung tausender Einzeldaten konnten eindeutige Abhängigkeiten von Rebsorte, Anbaugebiet und betriebsspezifischer Traubenverarbeitung abgeleitet werden. Alle Weine, die hohe Flavonoidgehalte aufwiesen, waren entweder schon gerbig oder wurden es innerhalb kurzer Zeit. Vor der Füllung angewendet, sinnvollerweise in Verbindung mit der Stabilitätsprüfung, können so schädliche Flavonoidgehalte rechtzeitig erkannt und durch gezielte Schönung entfernt werden, um einer nachträglichen Bildung von Bittergeschmack und Adstringens vorzubeugen. Die Flavonoidgehalte haltbarer Weißweine guter Betriebe bewegen sich stets am unteren Ende der Skala.

Alterungstests

Flavonoide Phenole sind an der Entstehung von Altersfirne mehr als andere Phenole beteiligt; für die Ausbildung von Gerbigkeit und Bräunung sind sie allein verantwortlich. Um das Alterungsverhalten von Weißweinen abschätzen zu können, wurden beschleunigte Alterungstests in den verschiedensten Varianten entwickelt (15, 53, 87, 115, 163, 167). Bei all diesen Tests wird die nach unterschiedlich langer Warmlagerung an der Luft entstandene Bräunung bewertet. Solche Tests stellen auch für den Winzerbetrieb eine praktikable Methode dar, um die sensorische Stabilität von Weißweinen sozusagen im Zeitrafferverfahren zu beurteilen.

Die einfachste Form ist der so genannte Rahntest, bei dem ein Glas des ungeschwefelten Jungweins über Nacht offen stehen bleibt, bevor am Folgetag die eingetretene Bräunung bewertet wird. Feinhefe und freie SO_2 beeinflussen das Ergebnis. Eine interessante Weiterentwicklung besteht im POM-Test (103), bei dem die Farbentwicklung der filtrierten und mit Wasserstoffperoxid versetzten Probe innerhalb einer

Stunde im Wasserbad bei 60° C herbeigeführt wird. Die Ergebnisse beider Tests stehen in engem Zusammenhang mit der analytisch ermittelten Konzentration von Flavonoiden und der sensorischen Stabilität.

6.2 Einfluss der Traubenverarbeitung

Die Gerbstoff- und Alterungsproblematik gewann in vielen Anbaugebieten an Aktualität mit der Mechanisierung der Traubenlese, die den Winzer zwingt, große Mengen von Trauben innerhalb kurzer Zeit zu verarbeiten. Dabei treiben unvermeidbare Maischestandzeiten und eine erhöhte mechanische Beanspruchung des Leseguts den Flavonoidgehalt mehr oder weniger drastisch in die Höhe. Wohlgemerkt, die Traubenlesemaschine liefert im Allgemeinen intakte Beeren und ist als solche nicht unbedingt die Ursache erhöhter Flavonoidbelastung. Ihr Einsatz kann aber während der nachgelagerten Schritte der Traubenverarbeitung zu zahlreichen, den Flavonoidgehalt erhöhenden Eingriffen führen, wenn die Verarbeitungskapazität nicht der Erntekapazität angepasst ist. Im Rahmen betrieblicher Stufenkontrollen konnten drei Schwachstellen herauskristallisiert werden:

- Maischepumpen: Jeder Pumpvorgang der Maische ist einer zu viel. Druckseitige Widerstände durch Umlenkungen, Ventile, geringe Querschnitte und Höhenunterschiede in der Maischeleitung fördern den mechanischen Aufschluss des Gewebes. Dadurch werden die Flavonoide der Extraktion besser zugänglich. Maischetransport durch Kippeinrichtungen und Falldruck ist ungleich schonender als Pumpen und Schnecken. Das Pumpen einer durch Standzeit bereits aufgeschlossenen Maische treibt den Flavonoidgehalt extrem in die Höhe.

- Maischestandzeit: Pro Tag ist mit einer annähernden Verdoppelung des Flavonoidgehalts in der flüssigen Phase zu rechnen. Der Effekt der Standzeit erhöht sich mit der Temperatur, der Anwesenheit schwefliger Säure und dem mechanischen Aufschluss der Maische durch vorgelagerte Pumpvorgänge. Dadurch kann sich der vordergründige Effekt einer erhöhten Aromaausbeute durch eine beschleunigte Alterung rasch ins Gegenteil umkehren. Das Entrappen hat nur einen

Abb. 16: Zunahme des Phenolgehaltes in den Mostfraktionen bei steigender Anzahl der Druckintervalle auf einer Spindelpresse

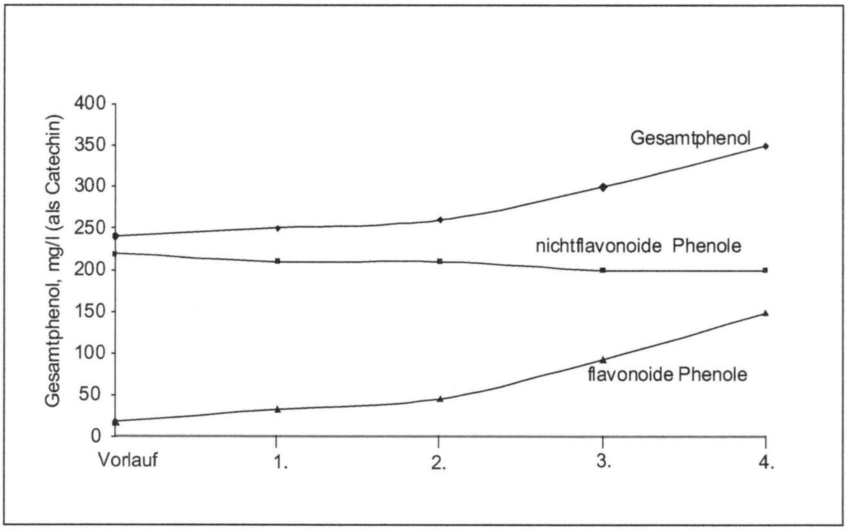

beschränkten Einfluss, da die Traubenkerne eine potenzielle Quelle von flavonoiden Phenolen darstellen (199). Annähernd die Hälfte davon wird aus ihnen extrahiert (142).

- Pressen: Die Anzahl der Scheiterintervalle ist wichtiger als die Höhe des Pressdrucks. Deshalb liefern die modernen pneumatischen Tankpressen nicht zwangsläufig weniger Flavonoide als die klassischen Spindelpressen. Abb. 16 zeigt am Beispiel einer Spindelpresse, wie sich die flavonoiden Phenole und der Gesamtphenolgehalt mit zunehmender Anzahl der Druckintervalle überproportional erhöhen. Die Ganztraubenpressung ergibt tendenziell Moste mit der geringsten Flavonoidbelastung und sehr feingliedrige Weine.

Es ist eine deutliche Abhängigkeit von der Rebsorte zu beobachten. Unter vergleichbaren Vinifikationsbedingungen liefert zum Beispiel der Grauburgunder tendenziell Weine mit erhöhtem Flavonoidgehalt und der Riesling solche mit geringerem. Daraus erklärt sich die bessere Haltbarkeit des Letzteren. Ein kausaler Zusammenhang zwischen Haltbarkeit und Säure besteht nicht, wohl aber zwischen Haltbarkeit und pH-Wert auf einem geringen Signifikanzniveau.

Es ist ein Produkt des Zufalls, dass Weine mit geringerer sortenspezifischer Flavonoidbelastung gleichzeitig und unabhängig davon eine betontere Säure aufweisen. Sorte, Reife und Herkunft treten als Einflussfaktoren jedoch in den Hintergrund gegenüber der Bedeutung von Traubenverarbeitung und Mostbehandlung. Deshalb ist das Problem erhöhter Flavonoidbelastung ausgesprochen betriebsspezifisch.

Durch schweflige Säure im Most werden flavonoide Phenole in Lösung stabilisiert und finden sich im späteren Wein wieder; durch oxidative Mostverarbeitung flocken sie aus und werden mit dem Mosttrub abgetrennt. Eindeutige Ursachen von Gerbigkeit sind also mechanisch belastende Traubenverarbeitung, zu reduktive Mostbehandlung und ungenügende Vorklärung. Im Einzelfall tritt auch ein Zusatz von Gerbstoffen, die dem Winzer als Tannin angedient werden, auf. Auf den besonderen Einfluss der Mostverarbeitung wird in Kapitel 7 eingegangen.

Eine Sonderstellung nehmen in Holz gelagerte Weine ein. Sie nehmen holzbürtige Gerbstoffe auf, die man summarisch als Ellagtannin bezeichnet. Im strikten Sinn der chemischen Nomenklatur sind sie der nichtflavonoiden Phenolfraktion zuzurechnen, weisen jedoch hohe Intensitäten für Bittere und Adstringens auf. Dennoch spiegelt sich diese sehr komplexe und analytisch schwer zugängliche Phenolfraktion quantitativ nur unwesentlich in der Bilanzierung des Gesamtphenolgehalts wider. Da die Lagerung von Weißwein in Holz heute eher die Ausnahme darstellt, soll auf die hiermit verbundene spezielle Problematik nicht näher eingegangen werden.

Die Folgen der mit mechanisch belastender Traubenverarbeitung oder Maischestandzeit einhergehenden Aufnahme flavonoider Phenole kann man anschaulich nachvollziehen, indem man einen flavonoidfreien Weißwein mit steigenden Mengen dieser Substanzen versetzt. In Abhängigkeit von der eingestellten Flavonoidkonzentration setzt eine mit der Zeit zunehmende Entwicklung von Adstringens und Bittere ein, während die unbehandelte Variante sensorisch stabil bleibt. Führt man eine entsprechende Erhöhung des Gesamtphenolgehalts durch

Zusatz äquivalenter Mengen nichtflavonoider Phenole herbei, bleibt die geschmackliche Stabilität, analog dem Standard, über die Zeit erhalten (147). Dieser einfache Versuch demonstriert, dass nur der flavonoide Anteil am Gesamtphenolgehalt zur Ausbildung von Gerbigkeit in der Lage ist. Mit einer gewissen und durchaus zu vertretenden Vereinfachung kann man sagen, dass tatsächlich die Nichtflavonoiden aus der Traube sensorisch gutartig und die Flavonoiden negativ sind.

6.3 Einfluss von Lagerung und Alterung

Erhöhte Gehalte an flavonoiden Phenolen, wie sie durch eine Maischestandzeit erhalten werden, geben sich im jungen Wein nicht unbedingt geschmacklich zu erkennen (1). Es ist aber eine aus der Praxis hinreichend bekannte Erscheinung, dass Adstringens und Bittere von mit Gerbstoff belasteten Weißweinen mit der Zeit zunehmen. Obwohl die Konzentration der Flavonoiden gleich bleibt, verstärken sich ihre geschmacklichen Eigenschaften. Ursache ist eine für sie typische chemische Veränderung, die man Polymerisation nennt. Darunter versteht man die Zusammenlagerung vieler kleiner zu wenigen großen Molekülen. Diese Reaktion wird durch eine vorgängige Oxidation wesentlich beschleunigt. Daher wird die Bildung von Gerbigkeit gefördert, wenn der Wein Sauerstoff aufnimmt und chemisch umsetzt.

Die Feinhefe hält den Sauerstoff von der Reaktion mit Phenolen ab. Daraus erklärt sich, warum Gerbigkeit in Weißwein als weitgehend oxidationsabhängiges Phänomen verstärkt nach der Filtration, bevorzugt sogar erst nach der Abfüllung eintritt. Insofern ist Gerbigkeit überwiegend ein Phänomen von Lagerung und Alterung. Ihre sensorische Bewertung entspricht stets einer Momentaufnahme. Die Intensität der Sauerstoffaufnahme während Ausbau und Lagerung hat einen deutlichen Einfluss auf die Ausbildung von Gerbigkeit. Insofern beschleunigt eine strapaziöse Weinbehandlung die negative Entwicklung.

Im Stadium des hefetrüben Jungweins liegen Flavonoide überwiegend in monomerer Form, das heißt als Einzelmoleküle, vor. Deren geringe geschmackliche Intensität erklärt, warum eine eventuelle Gerbigkeit selten in diesem frühen Entwicklungsstadium wahrgenommen wird. Bereits das Polymerisat von zwei Einzelmolekülen, ein Dimer, zeigt deutlich gerbende Eigenschaften, die mit weiterem Fortschreiten der Polymerisation hin zu immer größeren Molekülketten zunehmen (2, 34, 84, 85, 86). Je höher die ursprüngliche Flavonoidkonzentration, desto schneller verläuft diese Entwicklung.

Damit zwei Moleküle miteinander reagieren können, müssen sie zunächst nach den Gesetzen des Zufalls im dreidimensionalen Raum zusammentreffen. Die Wahrscheinlichkeit, dass dieser Fall eintritt, nimmt mit ihrer Anzahl zu. Abb. 18 zeigt die Abhängigkeit der Polymerisationsgeschwindigkeit von der Konzentration, dargestellt an der Abnahme der monomeren Formen. Die absoluten Werte haben hier weniger Bedeutung als der Steigungswinkel (a) der Kurven. Bei einer Ausgangskonzentration von 60 mg/l ($a = -0{,}077$) verläuft die Polymerisation 14,5 mal schneller als bei einer Ausgangskonzentration von 5 mg/l ($a = -0{,}0053$). In flavonoidreichen Weißweinen wird die Gerbigkeit nicht nur ausgeprägter, sondern nimmt auch schneller zu. Im Konzentrationsbereich von unter 5 mg/l, der dem optimal haltbarer

Weißweine entspricht, ist praktisch keine Polymerisation bzw. Gerbigkeit mehr zu beobachten. Der analytisch ermittelte Flavonoidgehalt macht eine Aussage über die maximal erreichbare Gerbigkeit.

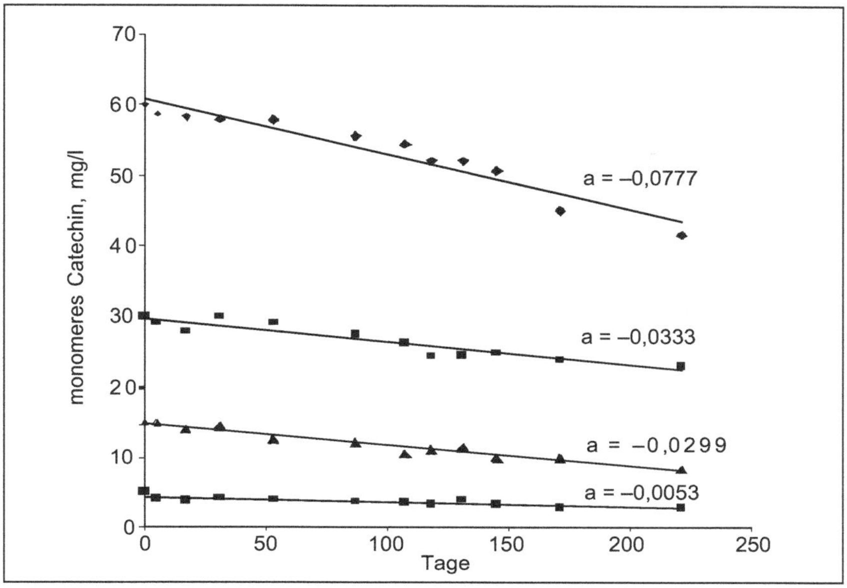

Abb. 18: Polymerisation von Catechin in Abhängigkeit von der Ausgangskonzentration, dargestellt anhand der Abnahme der monomeren Form (12 % Ethanol; pH 3,7; 21° C; O_2)

Es besteht ein enger Zusammenhang zwischen Gerbigkeit und der Veranlagung zur Altersfirne, weil in beiden Fällen flavonoide Phenole eine Schlüsselrolle einnehmen. Obwohl Flavonoide als solche geruchlos sind, greifen sie als Katalysatoren in den Oxidationsprozess ein (siehe Kapitel 3.2). Sowohl experimentell als auch praktisch konnte nachgewiesen werden, dass ungeschwefelte Weißweine bei Luftzufuhr keine Bräunung zeigen, wenn sie frei von Flavonoiden sind (87, 129, 149, 163, 167). Diese Farbintensivierung, wie sie auch durch beschleunigte Alterungstests herbeigeführt wird, ist nur der visuelle Indikator für hohe Gehalte oxidationsrelevanter Phenole und eine entsprechend hohe Alterungsdynamik.

6.4 Gerbstoffminderung durch Schönung

Geschmacksverfeinernde Schönungen sind nach wie vor von Aktualität, wenn es darum geht, dem Wein „Ecken und Kanten" zu nehmen. Hinter dieser sensorischen Trivialsprache verbirgt sich nichts anderes als eine durch flavonoide Phenole hervorgerufene Gerbigkeit. Die sogenannten glättenden Schönungsmittel reduzieren Flavonoide und Gerbigkeit in unterschiedlichem Ausmaß. Dabei reagieren sie keineswegs spezifisch, sondern wirken auch in die nichtflavonoide Phenolfraktion hinein, die wir eigentlich als geschmacklich wertvoll erhalten wollen.

Ihrer Wirkung liegt meist die klassische Eiweiß-Gerbstoff-Reaktion zugrunde, das heißt, es werden bevorzugt höher polymerisierte Flavonoide entfernt. Das ist genau der Anteil, der die höchste Intensität für Bittere und Adstringens aufweist. Moleküle geringeren Polymerisationsgrades, die momentan noch nicht geschmacklich in Erscheinung treten, bleiben in Lösung zurück. Darin liegt die Erklärung für die von der Praxis immer wieder kommentierte Beobachtung, dass ein mit Gerbstoff belasteter Weißwein nach zunächst erfolgreicher Schönung wieder Gerbigkeit entwickeln kann. Wie ist dies möglich?

Üblicherweise wird die Aufwandmenge des Schönungsmittels anhand von Vorversuchen derart bemessen, dass die Gerbigkeit zum Zeitpunkt der Beobachtung zufriedenstellend reduziert wird. Präparate, Aufwandmengen und persönliche Vorlieben gestalten sich dabei recht individuell. Doch solange sich die Aufwandmenge ausschließlich an der Sensorik des Augenblicks orientiert, bleiben die geschmacklich momentan noch nicht wirksamen Flavonoide unberücksichtigt. Im Verlauf der weiteren Entwicklung des Weins haben sie Zeit, zu geschmacklich aktiven Formen zu polymerisieren, die erneut Gerbigkeit hervorrufen.

Soll eine bleibende geschmackliche Stabilität erreicht werden, müssen die momentan noch geschmacklosen Vorläuferstufen zwangsläufig mit entfernt werden. Festgestellt werden können sie nur auf analytischem Weg.

Vor diesem Hintergrund wurde die flavonoidmindernde Wirkung verschiedener Schönungsmittel, die im Handel zur Gerbstoffminderung angeboten werden, überprüft. Sie wurden in steigenden Mengen im Rahmen der empfohlenen Dosage- und Anwendungsrichtlinien auf Weißweine erhöhten Flavonoidgehalts mit bereits deutlicher Gerbigkeit angewandt. Ihr Wirkungsgrad wurde als prozentuale Minderung der Flavonoiden in Bezug auf den Ausgangsgehalt ermittelt. Aus Abb. 19 geht hervor, dass die Präparate eine grobe Einteilung in drei Gruppen zulassen:

- Gelatinen: Unabhängig von Bloomzahl und Aufschlussart sind sie in Weißweinen bis zu höchsten Aufwandmengen weitgehend wirkungslos. Die dort vorliegenden Flavonoide sind zu wenig konzentriert und polymerisiert, als dass sie mit Gelatine in signifikanten Mengen ausflocken könnten. Vereinzelt mögliche sensorische Effekte ergeben sich durch Rückstände nicht ausgeflockter Gelatine. Für Rotweine hingegen ist Gelatine als äußerst effizient bekannt. Daraus erklärt sich ihr Ruf als Gerbstoff fällendes Schönungsmittel im weitesten Sinn. Ihre Wirkung in Rotwein ist jedoch keineswegs auf Weißweine zu übertragen.

- Konfektionierte Mischpräparate: Sie sind ein Umsatzträger der Zulieferindustrie und werden alljährlich unter neuen, attraktiven Markennamen und weniger neuen Formulierungen auf den Markt gebracht. Ihr Markterfolg beruht auf dem Versprechen, Defizite in der Vinifikation durch „Vermittlung des letzten Schliffs" korrigieren zu können. In der Tat kann ihnen in mit Gerbstoff belasteten Weinen, und nur dann, ein gewisser geschmacksglättender Effekt nicht abgesprochen werden. Sie sind in der Lage, den Flavonoidgehalt um 20–30 % zu reduzieren. Selbst wesentlich über die Dosageempfehlung hinausgehende Aufwandmengen bewirken praktisch keine weitere Minderung. Präparate mit eingearbeitetem PVPP zeigen die höchsten Wirkungsgrade. Die Mittelwerte sieben solcher Produkte liegen innerhalb des schraffierten Bereichs in Abb. 19. Die geschmackliche Wirkung war bei einigen Präparaten so gering, dass der Sinn derartiger Schönungen in Frage gestellt werden muss. In Weinen mit hoher Flavonoidbelastung reichten die empfohlenen Aufwandmengen oft nicht aus, um langfristig ein befriedigendes Geschmacksbild herzustellen. Varianten, deren Gerbigkeit nach der Schönung beseitigt war, entwickelten nach Ablauf weniger Wochen oder Monate erneut Gerbigkeit. Die in dieser Gruppe erfassten Schönungsmittel sind nicht in der Lage, geschmacklose Vorläuferstufen späterer Gerbstoffe zu entfernen.

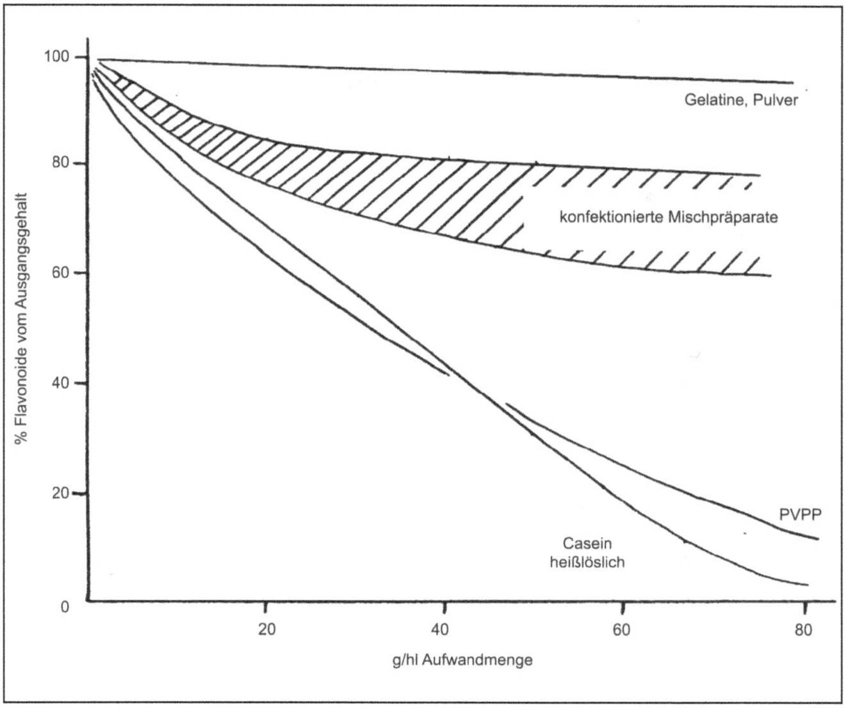

Abb. 19: Wirkung phenolmindernder Schönungsmittel auf den Flavonoidgehalt

- Starke Phenoladsorbentien: Dazu zählen Präparate, die den Flavonoidgehalt fast linear zur Aufwandmenge senken, bis annähernd der Nullwert erreicht ist. Sie umfassen mikronisiertes PVPP der neueren Generation sowie heißlösliches Casein. Beide Produkte entfernen, über die bereits als Gerbstoff vorliegenden Flavonoiden hinaus, auch die momentan noch nicht schmeckbaren Vorläuferstufen. Heißlösliches Casein hat seine Marktbedeutung weitgehend eingebüßt. Seine spontane Flockung im Wein erfordert eine aufwändige Anwendung, die eine Dosierung der heißen Caseinlösung in den Produktstrom beinhaltet. Es ist nicht zu verwechseln mit den direkt im Wein löslichen Caseinaten, die zugunsten der erleichterten Anwendung so aufbereitet werden, dass ihr Wirkungsgrad dramatisch abnimmt. Sie fallen in den Bereich der konfektionierten Präparate.

Aus den dargestellten Zusammenhängen geht hervor, dass viele der im Handel angebotenen Schönungsmittel das Problem von Gerbigkeit nur vorübergehend lösen. Im Preis-Leistungs-Verhältnis unterscheiden sich die Präparate um ein Vielfaches. Gute Produkte sind nicht immer solche, die am populärsten sind.

Grundlegendes Übel all dieser Präparate ist, dass sie außer den für Gerbigkeit relevanten Phenolen auch geschmacklich wertvolle nichtflavonoide Phenole entfernen. Dieser Mangel an Spezifität ist besonders beim PVPP ausgeprägt, welches zwar am weitgehendsten flavonoide Phenole mindert, gleichzeitig aber stark die nichtflavonoide Phenolfraktion abreichert und damit leicht zu einer geschmacklichen Verarmung führen kann. Zusätzliche Qualitätseinbußen ergeben sich aus den mit einer Schönung verbundenen Kollateralschäden durch Rühren, Pumpen, Filtrationen bzw. Bewegung des Weins im weitesten Sinn, die sich stets in Aromaverlusten äußern.

Nicht selten ist die Anwendung geschmackskorrigierender Schönungsmittel auch ein Akt symbolischer Natur zur Beruhigung des eigenen Gewissens in der Annahme, etwas Gutes für den Wein getan zu haben. Insofern kommt sie einer weit verbreiteten Reparaturmentalität entgegen. Es gehört zur Aufgabe des Kellermeisters, die Zusammenhänge zwischen Stoffkonzentrationen und Sinneseindrücken herzustellen, um spezifische Behandlungsmaßnahmen gezielt einsetzen zu können. Die Betonung muss allerdings deutlich auf der Prävention liegen. Geschmackskorrigierende Schönungen sind nur die zweitbeste Lösung. Sie können keine schonende Traubenverarbeitung und keine scharfe Mostvorklärung ersetzen.

Wer tatsächlich diese Schönungsmittel benötigt, macht im Herbst etwas falsch. Es ist nicht die Aufgabe der Önologie, die Anwendung solcher Produkte zu forcieren, sondern sie durch eine sachgerechte Vinifikation überflüssig zu machen.

7 Einfluss der Mostbehandlung auf die Haltbarkeit von Weißwein

7.1 Bedeutung der Mostvorklärung

Die Ansprüche an die Mostvorklärung werden in weiten Kreisen immer noch unterschätzt. Der Verlust an Qualität, den eine schlechte Mostvorklärung nach sich zieht, prägt den Wein unwiderruflich und kann durch keine Maßnahmen während des späteren Weinausbaus kompensiert werden. Zu den der Qualität abträglichen Substanzen, die mit dem Mosttrub mehr oder weniger stark entfernt werden, zählen Rückstände von Erdreich und Spritzmitteln, Gewebefragmente der Trauben, Vorläuferstufen späterer Fehltöne wie Gerbigkeit, Altersfirne, Böckser und UTA, Bakterien und wilde Hefen, aber auch Überlebensfaktoren für die Hefe, welche die Endvergärung kontrollieren.

Die Vielfalt der im Mosttrub enthaltenen Stoffe erklärt, warum die Schärfe der Mostvorklärung von erheblicher Bedeutung für Phenolbelastung, Reintönigkeit und Gesamtqualität des späteren Weins ist. Ein Resttrubgehalt von 0,5 Gewichtsprozent, entsprechend ca. 100 NTU (*nephelometric turbidity units*), sollte im geklärten Most keinesfalls überschritten werden. Dabei ist es zweitrangig, nach welchem Verfahren die Mostvorklärung erfolgt. Entscheidend ist das Resultat, gemessen als Resttrub.

Vereinfacht gesagt kann die Mostvorklärung unter qualitativen Gesichtspunkten nicht scharf genug sein. Wird ein und derselbe Most unterschiedlich scharf vorgeklärt derart, dass man zum Beispiel vier Moste unterschiedlichen Resttrubgehalts erhält, ergeben sich unter vergleichbaren Gärbedingungen vier verschiedene Weine. Tendenziell steigt die Qualität des Weißweins linear mit der Schärfe der Mostvorklärung bis herab zu einem Resttrubgehalt von 30 NTU. Die Schärfe der Vorklärung findet ihre natürlichen Grenzen an der Gärfähigkeit des Gebindes. Bei unter 20 NTU Resttrub sind Gärschwierigkeiten vorprogrammiert, die ihrerseits die Qualität in Frage stellen. Deshalb ist eine überzogen scharfe Mostvorklärung genau so problematisch wie ein defizitärer Vorklärgrad.

Die Techniken zur Mostvorklärung umfassen Sedimentation, Zentrifugation, Flotation und Filtration. Filtrierte Moste, wie man sie beispielsweise über Kammer- oder Vakuumdrehfilter erhält, sind in der Regel zu scharf vorgeklärt mit entsprechenden Gärproblemen als Folge. Ähnliches gilt oft für die Flotation. Auch die traditionelle Sedimentation kann einen hohen, der Flotation vergleichbaren Klärgrad liefern, wenn sie durch Einsatz pektolytischer Enzyme unterstützt wird. Der Trübungsgrad zu blanker Moste kann durch überlegte Rückgabe einer Teilmenge des abgetrennten Trubes einfach nach oben hin korrigiert werden.

Zentrifugen sind mit den relativ hohen Trubmengen der Moste meist überfordert oder müssen auf eine unwirtschaftlich niedrige Leistung gedrosselt werden, um einen zufriedenstellenden Klärgrad zu erzielen. Grundsätzlich ausgeschlossen ist ihr Einsatz jedoch nicht. Die weit verbreitete Mostgelatine in flüssiger Form ist zur Förderung der Sedimentation annähernd wirkungslos. Pulverisierte Gelatine-Präparate in der klassischen, heißlöslichen Form können das Absetzen des Mosttrubes messbar verbessern. Die Enzymierung muss eindeutig im Vordergrund der Mostvorklärung stehen. Ihre Effizienz wird durch kein Schönungsmittel erreicht.

Während langer Zeit war die Schärfe der Mostvorklärung ein Produkt des Zufalls. Erst das Aufkommen der Flotation führte in vielen Betrieben zu einem reproduzierbaren und genügend scharfen, manchmal sogar zu scharfen Vorklärgrad. Formuliert man Fragen nach der Schärfe der Mostvorklärung, besteht die Antwort meist in einer Erläuterung der Verfahrensweise. Daraus geht hervor, dass einseitig das Verfahren im Vordergrund steht, während der erreichte Effekt zu wenig Beachtung findet. Entscheidend ist aber ausschließlich das Resultat oder die Klärschärfe des Mostes. Diese wird gemessen und ausgedrückt in der Menge des verbliebenen Resttrubes. Doch gerade darüber herrschen unterschiedliche Vorstellungen. Solange die Klärschärfe visuell beurteilt wird, versteht jeder unter einem optimal vorgeklärten Most etwas anderes. Dies erschwert die Verständigung. Um eine einheitliche Beurteilungsbasis zu schaffen, ist die Orientierung an objektiv messbaren Zahlenwerten von unschätzbarem Vorteil. Dazu stehen zwei Methoden zur Verfügung. Die Praxis kommt mit der photoelektrischen Bestimmung des Resttrubes in NTU besser zurecht als mit seiner gravimetrischen Ermittlung in Gewichtsprozenten. Grundsätzlich wäre es wünschenswert, der Schärfe der Mostvorklärung mehr Bedeutung beizumessen und ihre visuelle Beurteilung durch eine reproduzierbare instrumentelle Messung zu ersetzen.

7.2 Einfluss von SO_2 und Sauerstoff

Werden frisch gepresste Moste ungeschwefelt sich selbst überlassen, kommt es zu ihrer Bräunung. Ursache dieser Bräunung ist die enzymatische Oxidation von Phenolen, die in der Folge ausflocken (36, 37). Eine starke Abreicherung von Phenolen aller Art ist die Folge. Die klassische Önologie assoziiert die Oxidation des Mostes fälschlicherweise mit der des Weins und begegnet ihr mit dem frühzeitigen Einsatz von schwefliger Säure. Für Generationen von Winzern wurde so die Mostschwefelung zum unumstößlichen Dogma der Lehrmeinung.

Die Wirkung der SO_2 kann durch zusätzliche Maßnahmen zum Schutz vor Oxidation, wie Einsatz von Inertgas und Ascorbinsäure, ergänzt werden. Eine bewusst oxidative Mostbehandlung bis hin zur aktiven Mostoxidation unter Zufuhr von Sauerstoff stellt das andere Extrem dar. Es ergibt sich so ein breites Spektrum gradueller Unterschiede zwischen reduktiver und oxidativer Mostverarbeitung, wie es in Tab. 8 dargestellt ist. Alle der dort aufgeführten Varianten und Extreme fanden und finden in der Praxis Anwendung, wobei in Abhängigkeit von Zeitgeist und vorherrschender Lehrmeinung die Tendenz mehr in die eine oder andere Richtung geht. Die Auswirkungen auf die Haltbarkeit des späteren Weins sind tiefgreifend.

Der Verzicht auf SO_2 vor der Gärung und die damit verbundene Oxidation und Bräunung des Mostes stehen in keinem Zusammenhang mit Oxidationserscheinun-

Hyper-Reduktion	Extremer Schutz vor Oxidation durch Schwefelung der Trauben, Zusatz von Ascorbinsäure und Anwendung von Inertgasen bei Pressung und Mostverarbeitung, keine Oxidation
reduktive Vinifikation	Anwendung von SO_2 und eventuell Ascorbinsäure, beschränkter Sauerstoffzutritt bei der Mostverarbeitung, keine Oxidation
Normalverarbeitung	Schwefelung des Mostes ohne besondere Maßnahmen zur Vermeidung von Sauerstoffaufnahme, beschränkte Oxidation
oxidative Vinifikation	Keine Schwefelung vor der Gärung, keine Maßnahmen zur Verhinderung des Sauerstoffzutritts, passive Oxidation
Hyper-Oxidation (Mostoxidation)	Keine Schwefelungvor der Gärung, gezielte Zuführung von reinem Sauerstoff oder Luft, gezielte Oxidation

Tab. 8: Reduktive bzw. oxidative Trauben- und Mostverarbeitung bei der Bereitung von Weißwein; Einfluss des Sauerstoffs

gen, wie man sie vom Wein her kennt. Es handelt sich um völlig unterschiedliche Vorgänge, die sich gegenseitig teilweise ausschließen und in ihrer Langzeitwirkung diametral entgegengesetzt sind. Die grundlegenden Unterschiede lassen sich wie folgt zusammenfassen:

- Die Oxidation im Most ist enzymatischer Natur und wird durch traubenbürtige Phenoloxidasen katalysiert, solange diese nicht durch SO_2 inaktiviert werden. Die Oxidation im Wein ist chemischer Natur.

- Die enzymatische Oxidation im Most liefert als Nebenprodukt nur Wasser, während bei der chemischen Oxidation des Weins aggressive Peroxide mit weitreichenden Konsequenzen für die Aromatik entstehen.

- Obwohl in beiden Fällen Phenole oxidieren, fallen diese Oxidationsprodukte im Most als braune Partikel aus, während sie im alkoholischen Milieu des Weins löslich sind und sich sensorisch mitteilen.

7.3 Reaktionsmechanismus der Oxidation des Mostes

Die Oxidation des Mostes wird durch das Enzym Tyrosinase ausgelöst, eine Polyphenoloxidase, die in allen Trauben vorliegt. Während der Gärung wird sie zerstört. Deshalb ist die Oxidation von Weinen aus gesundem Lesegut nicht enzymatischer, sondern ausschließlich chemischer Natur.

In Mosten aus mit Botrytis infizierten Trauben gesellt sich die Laccase hinzu. Laccase hat ein breiteres Spektrum möglicher Substrate als Tyrosinase. Sie ist auch im Wein aktiv und wird durch schweflige Säure oder Bentonit nur beschränkt inaktiviert (36, 37).

Beide Arten von Oxidase katalysieren die Oxidation von Phenolen zu den entsprechenden Chinonen, ihren oxidierten Formen. Die weiteren Reaktionen, die zu unlöslichen braunen Pigmenten führen, sind nichtenzymatischer Natur.

Die quantitativ dominierenden Phenole in weißen Mosten sind Hydroxyzimtsäuren, die der nichtflavonoiden Phenolfraktion angehören. Deren wichtigster Vertreter ist wiederum die Caftarsäure. Darüber hinaus enthalten Moste schwankende Gehalte an Glutathion, eine stark reduzierende Aminoverbindung, welche an den nichtenzymatischen Folgereaktionen beteiligt ist.

Die Tyrosinase oxidiert bevorzugt Caftarsäure, die in der ersten Phase der Mostoxidation zu ihrem entsprechenden Chinon oxidiert wird. Dieses primäre Oxidationsprodukt ist, bedingt durch seine hohe Konzentration und Reaktivität, Ausgangspunkt für drei Folgereaktionen rein chemischer Natur (19, 20, 21, 23, 87, 96, 97, 127, 128, 169):

a) Es verbindet sich mit dem Glutathion zu einer farblosen Verbindung, die als 2-S-Glutathionyl-Caftarsäure oder auch *grape reaction product* (GRP) bezeichnet wird.

b) Nach dem Verbrauch des vorhandenen Glutathions kann es andere Mostinhaltsstoffe einschließlich GRP und Flavonoide oxidieren. Dabei wird es wieder zur ursprünglichen Caftarsäure reduziert. Die teilweise Rückbildung von Caftarsäure ermöglicht ihre erneute enzymatische Oxidation und eine weitere Sauerstoffzehrung des Mostes.

c) Es kann mit seiner eigenen Vorläuferstufe, der Caftarsäure, polymerisieren. Dabei wird die ursprüngliche Phenolform ohne Zutun eines Reduktionsmittels wiederhergestellt und steht erneut zur enzymatischen Oxidation zur Verfügung.

Alle drei Reaktionen sind voneinander unabhängig. Wird aber das Chinon der Caftarsäure durch erhöhte Konzentrationen an Glutathion abgefangen (a) oder durch schweflige Säure reduziert, werden die Folgereaktionen bis hin zur Oxidation der Flavonoide eingeschränkt. Der biochemische Sauerstoffbedarf erhöht sich. Das Sauerstoffbindungsvermögen der Moste ist äußerst unterschiedlich und hängt von der ursprünglichen Konzentration an Caftarsäure ab. Die Oxidationskinetik hingegen ist von dem molaren Verhältnis von Caftarsäure zu Glutathion abhängig. Dieses Verhältnis ist für jede Rebsorte spezifisch (127).

Werden Flavonoide durch das Chinon der Caftarsäure oxidiert (b), polymerisieren sie und fallen als unlösliche braune Partikel aus. Liegen erhöhte Gehalte an Caftarsäure vor (c), bewirkt deren Polymerisation einen höheren Sauerstoffbedarf, bevor es zur Oxidation von Flavonoiden kommt.

Über alle Rebsorten hinweg und unter identischen Bedingungen betrug das durchschnittliche Sauerstoffbindungsvermögen ungeschwefelter Moste 50 mg/l O_2 innerhalb der ersten drei Stunden, wobei 95 % der Werte zwischen 30 und 65 mg/l O_2 lagen (28). Im weitesten Sinn schwankt die Geschwindigkeit, mit der frische Moste Sauerstoff binden, zwischen 4 und 200 mg/l O_2 pro Stunde (6, 36, 37, 55, 79, 97, 106, 116, 117, 140). Verantwortlich für diese Schwankungsbreite sind unterschiedliche Reaktionskinetiken und ein Verbrauch phenolischen Substrates bereits vor dem Austritt aus der Presse. Bei der Ganztraubenpressung wird die Sauerstoffaufnahme in der

Presse auf 10–15 mg/l O_2 geschätzt (22). Durch schweflige Säure wird die Aktivität der Tyrosinase verringert und die Sauerstoffumsatzrate drastisch reduziert (36).

Bei der Oxidation des Mostes werden alle Arten phenolischer Substanzen verringert (18, 108); ihr primäres Ziel besteht jedoch in der Fällung flavonoider Phenole. Die Zeitspanne, während der ein Most Sauerstoff umsetzen muss bis zu deren maximaler Fällung, schwankt zwischen 15 Minuten und zwei Stunden (28, 79). Ist die Fällung nicht vollständig, werden geringe Mengen verbliebener Flavonoide durch die Hefe bei der Gärung adsorbiert (140).

Die Umsetzung von 1 mg/l O_2 mindert den Flavonoidgehalt um bis zu 8,6 mg/l, wobei der anfänglich umgesetzte Sauerstoff die stärkste Flavonoidfällung bewirkt. Abb. 20 zeigt, dass dazu mit einer gewissen Abhängigkeit vom einzelnen Most 10–30 mg/l O_2 aufgenommen und gebunden werden müssen, entsprechend einer Menge von einer bis drei Sättigungskonzentrationen. Die geringe Menge von 10 mg/l O_2 entspricht in ihrer Größenordnung der passiven Sauerstoffaufnahme ungeschwefelter Moste und genügt zur Fällung geringer Mengen von Flavonoiden, wie sie in Mosten aus Normalpressung vorliegen. Höhere Flavonoidgehalte, wie sie nach einer Maischestandzeit vorliegen können, erfordern zu ihrer Fällung bis zu 30 mg/l O_2 und damit eine aktive Sauerstoffzufuhr. Im Vergleich dazu führt die Flotation mit Luft ca. 40 mg/l O_2 dem Most zu. Nicht ohne Grund wird die aktive Mostoxidation besonders nach einer Maischestandzeit empfohlen (18, 97, 126, 148).

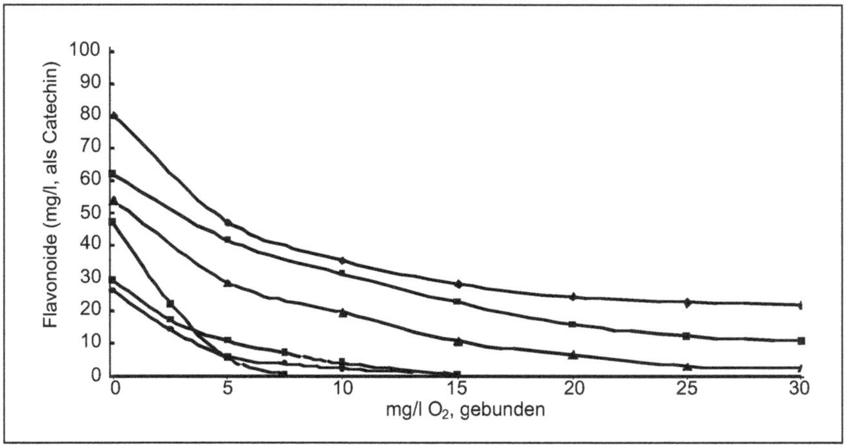

Abb. 20: Fällung flavonoider Phenole während der Oxidation fünf verschiedener Moste in Abhängigkeit von der Menge des gebundenen Sauerstoffs

Grundsätzlich ist die Fällung von Flavonoiden weniger von der Menge des umgesetzten Sauerstoffs als von anderen mostspezifischen Faktoren abhängig (96, 97, 140, 149). Bentonit mindert die Aktivität der Tyrosinase, bindet aber auch reduzierendes Glutathion. In der Summenwirkung ist sein Effekt auf die Flavonoidfällung nur marginal (144). Ein zweifellos gegebener Temperatureffekt ist wenig relevant. Die natürlich vorliegende Tyrosinase-Aktivität wirkt nicht beschränkend. Eine Erhöhung der Oxidase-Aktivität wie durch Zusatz von Laccase (91) ist überflüssig.

7.4 Techniken aktiver Mostoxidation

Der erste Schritt zu einer bewusst durchgeführten Mostoxidation besteht im Verzicht auf den Einsatz schwefliger Säure vor der Gärung. Man erhält so eine passive

Oxidation, die unter den Bedingungen schonender Traubenverarbeitung eine zufriedenstellende Flavonoidminderung herbeiführt. In ihrer Weiterführung gelangt man durch gezielten Zusatz von Sauerstoff zur aktiven Oxidation, in der Fachsprache als Mostoxidation schlechthin oder Hyperoxidation bezeichnet. Dieses Verfahren wurde in den 1970er Jahren entwickelt, um die damals noch vorliegenden Probleme mit mechanisch extrem belastender Traubenverarbeitung, hohen Flavonoidgehalten und gerbig-firnen Weißweinen zu lösen. Zur Behandlung von Mosten, wie sie nach einer Maischestandzeit oder durch belastenden Maischetransport erhalten werden, hat es nichts an Bedeutung verloren.

Die zusätzliche, aktive Sauerstoffversorgung ist ein Mittel zur Wiederherstellung des Gleichgewichts zwischen Flavonoiden und Sauerstoff, wenn der Flavonoidgehalt zu hoch ist, um durch den natürlich aufgenommenen Sauerstoff entfernt zu werden. Der oft gebrauchte Begriff der Hyperoxidation ist ungeeignet zur Beschreibung der Vorgänge, die bei der Mostoxidation ablaufen. Die Sauerstoffmenge, die ein Most zu seiner Phenolstabilisierung benötigt, kann als enzymatischer Sauerstoffbedarf, der mittels Luft oder reinem Sauerstoff gestillt wird, angesehen werden.

Zur aktiven Mostoxidation stehen verschiedene technische Möglichkeiten bereit:

1. Das Pumpen über Luft durch das Befüllen der Tanks von oben führt zu einer Sauerstoffaufnahme von 2–3 mg/l O_2 und ist nur beschränkt wirkungsvoll.

2. Durch das Lockern der Saugleitung kann über die Pumpe Luft angesaugt werden.

3. Der Einsatz eines porösen Sinterrohres aus Edelstahl an der Saugseite der Pumpe, das bei nicht ganz geöffnetem Zulaufhahn durch das entstehende Vakuum Luft einzieht. Dabei gelangen bis zu 9 mg/l O_2 in den Most, solange die Poren nicht durch Mosttrub verlegt sind.

4. Der Most wird über eine Begasungseinheit von der Presse zum Tank oder von einem Tank zu einem anderen gepumpt. Dabei wird der Gasfluss dem Mostdurchsatz angepasst. Soll beispielsweise bei einer Pumpenleistung von 10.000 l/h eine Sauerstoffmenge von 20 mg/l O_2 zugeführt werden, entspricht das einer Sauerstoffentnahme aus der Stahlflasche von 200 g pro Stunde. Der Most kann unter diesen Bedingungen maximal 42–43 mg/l O_2 aufnehmen (184).

5. Der Most wird im Rundlauf über eine Begasungseinheit gepumpt. Bei konstanter Sauerstoffzufuhr wird die absolute Menge des zugesetzten Sauerstoffs über die Dauer des Umpumpens kontrolliert.

6. Anstelle einer Begasungseinheit wird auf eine einfache Fritte zurückgegriffen. Sie wird mit der Sauerstoffarmatur verbunden und bis auf den Boden in den Mosttank eingehängt. Das Sauerstoffventil wird so weit aufgedreht, bis ein gelindes Entbinden von Gasblasen auf der Mostoberfläche sichtbar ist. Nach etwa 30 Minuten ist die Sauerstoffsättigungskonzentration von 9 mg/l O_2 erreicht. Danach erfolgt ein weiterer, obgleich langsamerer Anstieg des gelösten Sauerstoffs im übersättigten Bereich. Rühren ist nicht erforderlich, da sich das eingebrachte Gas gleichmäßig im Tank verteilt (48, 49). Bei diesem Verfahren ist die Sauerstoffmenge nicht exakt kontrollierbar. Überschüssiger Sauerstoff entweicht wirkungslos über die Oberfläche. Wenn die Begasung während 30 Minuten als unzureichend

angesehen wird, kann der gleiche Vorgang nach etwa einer Stunde wiederholt werden. Während dieser Zeit wird der anfänglich eingebrachte Sauerstoff in Oxidationsreaktionen aufgebraucht. Zur optimalen Lösung des Gases ist eine geringe Bläschengröße erforderlich. Deshalb sollte eine feinporöse Fritte (2–10 μ), deren Oberfläche regelmäßig mechanisch von Mostrückständen befreit wird, verwendet werden.

7. Einrichtungen zur Mikrooxygenierung sind grundsätzlich anwendbar, sofern sie sich bis in den Bereich der Makrooxygenierung regulieren lassen.

8. Die Flotation mit Luft stellt die intensivste Form der Mostoxidation dar. Da im Druckbereich gearbeitet wird, erhöht sich der Sauerstoffeintrag bis zu 42–43 mg/l O_2. Im gleichen Arbeitsgang werden die ausgeflockten Flavonoide mit dem Mosttrub entfernt. Flavonoidfällung und Mostvorklärung sind optimal (43, 141). Erst die Einführung der meist mit Luft betriebenen Flotation auf breiter Ebene hat der Mostoxidation zu allgemeiner Akzeptanz in Deutschland verholfen, mit deutlichen Qualitätsvorteilen für die meisten Betriebe.

Dort, wo zur Mostoxidation reiner Sauerstoff eingesetzt wird, genügt technische Qualität. Bei allen Verfahren kann er durch ölfreie Kompressorluft ersetzt werden. Da Luft nur 21 % Sauerstoff enthält, muss die Gasmenge verfünffacht werden. Wird die enzymatische Aktivität im Most durch Schwefelung unterbunden, sind die Phenole gegen Oxidation geschützt, in Lösung stabilisiert und finden sich im späteren Wein wieder; der Most bleibt grün. Oxidierte Moste sind stets braun. Werden derart gebräunte Moste filtriert, weist das Filtrat die gewohnte grün-gelbe Farbe auf. Aus dieser Beobachtung geht hervor, dass die für die Bräunung verantwortlichen Substanzen bereits als Feststoffe ausgeflockt sind und mechanisch entfernt werden können. Da sie zur natürlichen Sedimentation tendieren, geschieht dies mit der Mostvorklärung. Dabei kommt der Schärfe der Mostvorklärung die bereits erwähnte Bedeutung zu. Ausgeflockte Phenole, die nach der Mostvorklärung zurückbleiben, lösen sich nach der Gärung durch Alkohol und schweflige Säure wieder zurück. Der Effekt einer oxidativen Mostverarbeitung wird hinfällig, wenn der Most schlecht geklärt in Gärung tritt.

Die entstandene Bräunung steht in keinem direkten Zusammenhang mit der Flavonoidfällung. Der Erfolg der Mostoxidation wird über die Bestimmung des Flavonoidgehalts kontrolliert (145). Obwohl sich der Gesamtphenolgehalt zwangsläufig mindert, erlaubt er keinen Rückschluss auf den Flavonoidgehalt.
Selbst nach der Vorklärung haftet oxidierten Mosten noch eine braune Farbe und eine oxidierte Aromatik an. Unter den extrem reduktiven Bedingungen der alkoholischen Gärung verschwinden beide vollständig bis zum zweiten oder dritten Gärtag. Die frisch vergorenen Moste weisen den gewohnten reduktiven Charakter auf.

7.5 Sensorische Folgen der Mostoxidation

In dem Maße, wie die Oxidation vor der Gärung unterbunden wird, verlagert sich die Bereitschaft zur Oxidation in die Phase des späteren Weins mit allen damit verbundenen sensorischen Konsequenzen. Phenole, die bei der Oxidation des Mostes ausgeschieden werden, stehen zur Oxidation im Wein nicht mehr zur Verfügung. Die Befürworter der oxidativen Mostverarbeitung machen sich diesen Vorteil der eindeutig besseren Haltbarkeit der Weine zu Nutze.

Die oxidative Mostverarbeitung hatte lange Zeit Probleme, sich auf breiter Ebene durchzusetzen. Zu den wesentlichsten Ursachen zählten psychologische Hemmschwellen, weil die Oxidation des Mostes in unzulässiger Weise mit der des Weins in Verbindung gebracht wurde und etablierte Lehrmeinungen zu wenig kritisch hinterfragt wurden. Aber auch Berichte über potenzielle oder tatsächliche Qualitätseinbußen spielten eine Rolle. Nicht zuletzt werden wirtschaftliche Interessen tangiert, weil ein breites Spektrum von Schönungsmitteln, die den Geschmack durch die Minderung schädlicher Phenole verfeinern sollen, durch die Mostoxidation überflüssig wird.

Die bessere Haltbarkeit der Weine aus oxidierten Mosten wird längst nicht mehr in Frage gestellt. Nicht alles, was aus der Traube extrahiert wird, kann als positiv oder typisch für Sorte und Terroir angesehen werden. Die oxidative Mostverarbeitung führt zu einer Minderung alterungsrelevanter Substanz, doch sie sieht sich zwei wesentlichen Vorwürfen ausgesetzt, die Ängste vor ihr nähren: Sie betreffen unkontrollierte mikrobiologische Aktivitäten durch das Fehlen von schwefliger Säure vor der Gärung sowie oxidationsbedingte Einbußen von Sortenaroma.

Grundsätzlich schließt die Mostoxidation den Einsatz schwefliger Säure nicht aus, wo diese aus mikrobiologischen Gründen vor dem Gärstart erwünscht ist. Zur Spontangärung ist eine Mostschwefelung sogar zwingend. In diesem Fall wird nach der Mostvorklärung geschwefelt, wenn der ausgeflockte Phenoltrub bereits abgetrennt ist.

Mit dem Hinweis auf die mikrobiologische Sicherheit rennen die Gegner der Mostoxidation in der Praxis offene Türen ein. Dabei wird übersehen, dass in jedem Most genügend Sauerstoff gelöst ist, um die Aktivität aerober Mikroorganismen wie Essigbakterien zu gestatten, und dass diese ein Mehr an Sauerstoff physiologisch nicht umsetzen können. Spätestens mit Eintritt der Gärung werden reduktive Verhältnisse durch die Sauerstoffzehrung der Hefe hergestellt. Ein rascher Gärstart durch Beimpfung mit Reinzuchthefe ist daher die Methode der Wahl zur Schaffung mikrobiologischer Sicherheit. Die Gärkinetik selbst wird durch reduktive oder oxidative Mostverarbeitung nicht beeinflusst, wohl aber durch die Schärfe der Mostvorklärung.

Die häufigsten Argumente gegen eine oxidative Mostverarbeitung bringen eine Minderung der Aromatik ins Spiel. In der Tat weisen Jungweine aus hyper-reduktiv verarbeiteten Mosten meist eine stärkere Aromatik auf als solche aus oxidierten Mosten, wobei dieses Mehr an Aroma nicht unbedingt sortentypisch ist. Systematische Einbußen an Sortenaroma sind überwiegend beim Sauvignon blanc zu beobachten (107), weil das Aroma dieser Rebsorte zu einem großen Teil aus schwefelhaltigen Thiol-Aromen besteht, die durch Oxidation irreversibel zerstört werden. Die momentane Tendenz zu extrem reduktiver Mostverarbeitung, wie sie besonders durch die australische Schule propagiert wird, ist u. a. vor dem Hintergrund des spezifischen Verhaltens dieser Sorte zu sehen. Neu ist dieses Vorgehen indessen nicht. Vinifikationsversuche unter extrem reduktiven Bedingungen (SO_2, Ascorbinsäure, Inertgas) vor der Gärung wurden bereits in den 1970er Jahren in Österreich und Deutschland durchgeführt.

Diese Versuche wurden alsbald eingestellt, weil es zu ernsten Problemen mit der Haltbarkeit der Weine kam. Daran hat sich bis heute nichts geändert. Sehr reduktiv verarbeitete Moste liefern fragile Weine, die für den schnellen Konsum bestimmt sind, jedoch nie langlebige Weißweine. Die unbestrittene Notwendigkeit eines reduktiven Weinausbaus nach der Gärung kann nicht auf die Mostbehandlung übertragen werden.

Die reduktive Mostverarbeitung setzt eine schonende Traubenverarbeitung voraus, um den Phenoleintrag gering zu halten, und ein noch reduktiveres Vorgehen bei Ausbau und Lagerung der Weine. In der Praxis ist oft das Gegenteil der Fall. Stellt der Winzer fest, dass sich seine Weine in die gerbige und oxidative Richtung entwickeln, repariert er sie zunächst mit entsprechenden Schönungsmitteln. Der mit derartigen Behandlungen verbundene Sauerstoffeintrag kommt solchen Weinen am wenigsten entgegen. Besteht die Antwort auf eine oxidative Weinentwicklung gar in einer noch reduktiveren Mostverarbeitung, schließt sich ein Teufelskreis.

Zeitpunkt der Beurteilung entscheidend
Die weltweit zu dieser Thematik durchgeführten Studien sind nicht ohne Grund widersprüchlich. Weitgehend sicher ist eine Minderung flüchtiger Phenole (38, 108) sowie flüchtiger Schwefelverbindungen (66, 99, 100, 101) mit entsprechend weniger Böckserneigung in den aus oxidierten Mosten hergestellten Weinen. Unter gleichen Bedingungen wurden mehr freie Terpene, Acetate, Fettsäuren und deren Ester (3) sowie eine Zunahme höherer Aldehyde und Alkohole (27, 68) beobachtet. Die Bildung höherer Aldehyde wurde mit geringfügig erhöhten Intensitäten für die grünvegetative Aromanote in Verbindung gebracht (66). Die Minderung oder gar Eliminierung von Gerbstoffen und die verbesserte Oxidationsbeständigkeit mostoxidierter Weine ist unbestritten.

Widersprüche ergeben sich besonders in der sensorischen Bewertung (3, 4, 5, 6, 7, 9, 18, 21, 38, 66, 67, 74, 92, 100, 102, 104, 107, 108, 111, 114, 117, 119, 137, 138, 146, 148, 168, 194). Sie erklären, warum beide Extreme der Mostverarbeitung ihre Befürworter haben. Was sind die Gründe für solche Widersprüche?

Unkontrollierte technische Randbedingungen wie die Schärfe der Mostvorklärung oder die Behandlung und Lagerung des Weins vermögen die Ergebnisse im Einzelfall zu beeinflussen. Vor allem aber spielt der Zeitpunkt der sensorischen Bewertung eine entscheidende Rolle. Bittere und Adstringens existieren nicht a priori in einem jungen Weißwein. Ihre sensorisch wahrnehmbare Intensität hängt entscheidend

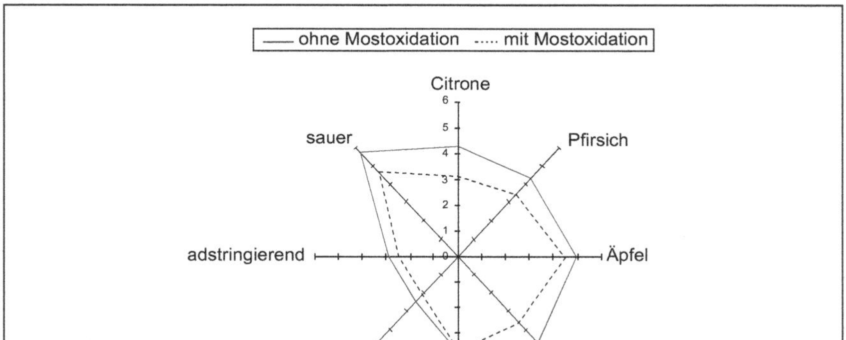

Abb. 21: Einfluss der Mostoxidation von Riesling auf die sensorische Bewertung fünf Monate nach der Gärung

vom chemischen Alter des Weins und dem Zeitpunkt der Beurteilung ab. Ähnliches gilt für die Aromatik. Abb. 21 zeigt am Beispiel eines Rieslings, dass die Mostoxidation tatsächlich zu einer verminderten Fruchtaromatik im jungen Wein führen kann. Aufgrund der schonenden Traubenverarbeitung und der geringen Phenolbelastung war die Auswirkung auf die Adstringens in diesem Fall nur marginal.

Im Rahmen der gleichen sensorischen Studie wurde der Einfluss des Beurteilungszeitpunktes der mostoxidierten Variante ermittelt. Abb. 22 zeigt, wie sich die Verhältnisse mit der Lagerdauer umkehren. Der mostoxidierte Wein wies 16 Monate nach der Gärung eine höhere Aromaintensität auf als fünf Monate nach Gärende.

Abb. 22: Einfluss des Zeitpunktes der sensorischen Bewertung nach der Mostoxidation bei Riesling

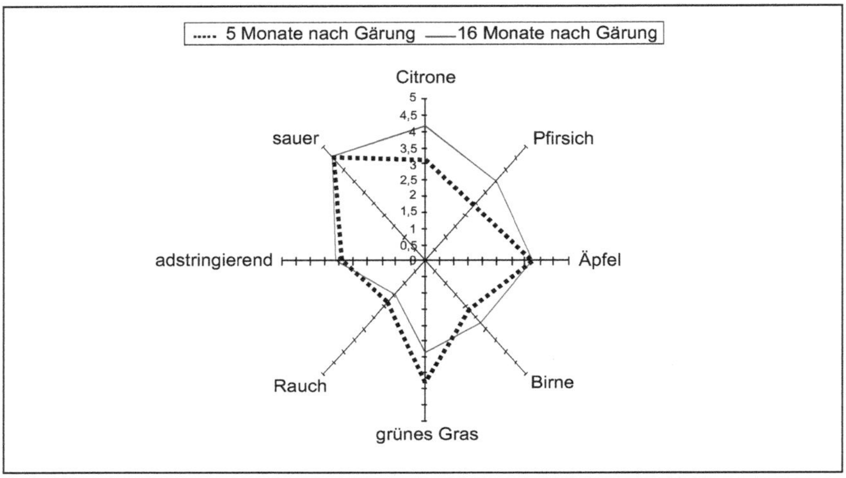

Obwohl die Mostoxidation in vielen Fällen zu einer verringerten Aromaintensität im Stadium des jungen Weins führen mag, kehren sich die Verhältnisse mit fortschreitender Alterung systematisch um. Die Fruchtaromen mostoxidierter Weine sind über die Zeit stabiler, während sie in den flavonoidreicheren Vergleichsvarianten durch eine zunehmende Altersfirne maskiert werden. Positive Effekte der Mostoxidation sind nicht im Stadium des Jungweins zu beobachten, sondern kommen erst bei der Alterung zum Tragen. Insofern ist die Mostoxidation eine Investition in die Zukunft des Weins mit dem Ziel einer besseren Stabilität von Geschmack und Aromatik. Sensorische Vergleichsuntersuchungen werden jedoch überwiegend an jungen Weinen durchgeführt, ohne den Alterungseffekt zu berücksichtigen. Spektakuläre Aromen im Jungwein nützen wenig, wenn sie zum Zeitpunkt des Konsums bereits zusammengebrochen sind. Der Sauvignon blanc ist aufgrund seiner spezifischen Aromazusammensetzung die einzige zur Zeit bekannte Rebsorte, bei der die Oxidation des Mostes zu bleibenden Aromaeinbußen führt.

Frage der Gewohnheit

Bei sensorischen Auswertungen wird oft nach der Bevorzugung der Varianten gefragt. Die Prüfer antworten darauf in Funktion des Weintyps, den sie gewöhnt sind oder persönlich bevorzugen. Deshalb sind Prüfergruppen bei Präferenzproben immer gespalten.

Flavonoide sind Gerbstoffe, die dem Wein geschmackliche Inhalte verleihen, welche mostoxidierte Weine nicht aufweisen. Im Vergleich mit einem flavonoidbelasteten

Kontrollwein kann die mostoxidierte Variante so weniger Mundfülle zeigen. Dies kann in einem Fall als rassig, weich, rund oder feinfruchtig interpretiert werden, aber auch als dünn und ausdruckslos in einem anderen Fall. Ein flavonoidbelasteter Weißwein kann für einen Prüfer körperreich und voll sein, für einen anderen Prüfer jedoch kantig, hart und plump. Kurzlebig ist er auf jeden Fall. Alles ist auch eine Frage des Weintyps, den man gewohnt ist.

Die weit verbreitete Reparatur gerbiger Weißweine mit umsatzträchtigten Schönungsmitteln belegt, dass Gerbstoffe in der Mehrzahl der Fälle als der Qualität abträglich aufgefasst werden.

Die kontroverse Diskussion um die reduktive oder oxidative Mostverarbeitung zeigt, dass es sich Lehrmeinungen manchmal zu einfach machen, besonders wenn sie in politische Abhängigkeiten geraten.

8 Sauerstoff stimuliert Gärung

8.1 Sauerstoff fördert Endvergärung

Gärstörungen sind eine weltweite Realität. Zu niedrige Gärtemperaturen, ungenügende Hefedosage, defizitäre Nährstoffversorgung und zu scharfe Vorklärung des Mostes zählen zu den häufigsten Ursachen (72). Die Praxis versucht, diesen Problemen durch den Einsatz kommerzieller Hefenährstoffe zu begegnen. Dem gegenüber ist die Rolle des Sauerstoffs während der Gärung weniger bekannt. Seinem gezielten Einsatz stehen häufig emotional begründete Ängste entgegen, weil er auch hier fälschlicherweise und in Unkenntnis der Zusammenhänge mit einer Oxidation des Weins in Verbindung gebracht wird.

Während langer Zeit wurde die Gärung als ein anaerober Prozess angesehen, weil sie in der Tat bis zu einem gewissen Grad ohne Sauerstoff abläuft, dieser im gärenden Most nie nachzuweisen ist und die Tradition sogar ein Fernhalten von Sauerstoff durch den Gärspund gebietet. Erlaubt man jedoch eine Sauerstoffaufnahme des gärenden Mostes, ergibt sich eine zügigere und vor allem bessere Endvergärung (56). Dies ist der Grund, warum die Gärung im Holzfass durch die ihm eigene Sauerstoffaufnahme reibungsloser als im Tank verläuft.

Abb. 23 zeigt, wie die Dosage von Sauerstoff nach Gärstart die Hefevermehrung und den Endvergärungsgrad fördert. Die Zugabe des Sauerstoffs erfolgte innerhalb von zehn Minuten mittels einer Fritte. Sie führte in der mit nur 10 g/hl Hefe beimpften Variante zu einer besseren Vergärung als in der mit 20 g/hl beimpften Variante ohne Sauerstoff.

Abb. 23: Endvergärungsgrad in Abgängigkeit von Hefe-Einsaatmenge und Sauerstoffdosage bei Gärstart

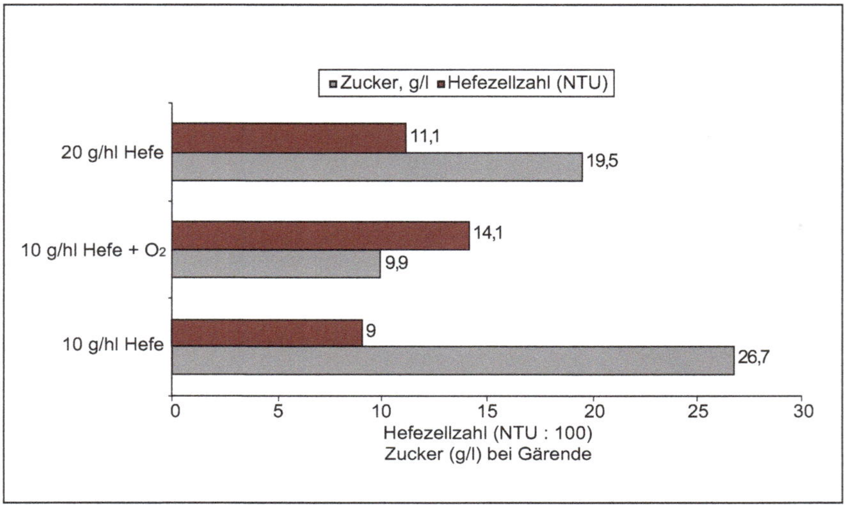

Sauerstoff, der während der Gärung zugeführt wird, unterliegt einer sofortigen und vollständigen Aufnahme durch die Hefezellen analog zu dem Verhalten der Feinhefe nach der Gärung (siehe Kapitel 4.2). Damit steht er zur Reaktion mit Weininhaltsstoffen und den daraus resultierenden sensorischen Folgen einer Oxidation nicht mehr zur Verfügung. Die Hefe verwendet ihn zur Synthese von Sterolen und Fettsäuren, die die Durchlässigkeit der Zellmembran gegenüber Zucker und Alkohol verbessern und so die eigentliche Ursache frühzeitigen Gärstopps – ungenügender Stoffaustausch zwischen Hefe und Flüssigkeit – beseitigen (72). Es handelt sich dabei um nichts anderes als die Sicherstellung biochemischer Überlebensfaktoren, die die Hefeaktivität in der Endphase der Gärung kontrollieren.

Unabhängig davon werden Enzyme aktiviert, die zu einer besseren Nutzung des verfügbaren Stickstoffs durch Aufschluss der Aminosäure Prolin führen (73). Prolin als mengenmäßig wichtigste Aminosäure im Most ist unter anaeroben Bedingungen der Hefe nicht zugänglich.

Unter technischen Gesichtspunkten wird die Göraktivität länger aufrecht erhalten bis zum vollständigen Umsatz des Zuckers, während die Gärgeschwindigkeit nur unwesentlich beeinflusst wird. Die für diesen Zweck benötigten Mengen an Sauerstoff sind recht gering und belaufen sich, mit einer gewissen Abhängigkeit vom Hefestamm, auf ca. 10 mg/l (132).

In der Rotweinbereitung kommt der gärfördernde Effekt von Sauerstoff zum Tragen, wenn die Maische mittels der bekannten Techniken des Überschwallens über Luft gepumpt wird. Für weiße Moste ist dieses Verfahren wegen der damit verbundenen Ausgasung von Aromen wenig angebracht. Deshalb steht hier die direkte Dosage von Sauerstoff im Vordergrund. Entscheidend ist dabei der richtige Zeitpunkt.

Zeitpunkt ist entscheidend

Der Sauerstoff kann nur auf die Hefe wirken, die bereits vorliegt und andererseits noch in der Lage ist, ihn umzusetzen. Aus Abb. 24 geht hervor, dass der ideale Zeitpunkt das Ende der Wachstumsphase ist, wenn die maximal mögliche Hefemasse erreicht ist. Dieser Moment liegt vor, wenn ca. 50 % des ursprünglich vorhandenen Zuckers vergoren sind. Dies ist gleichzeitig der geeignetste Moment für die Zugabe

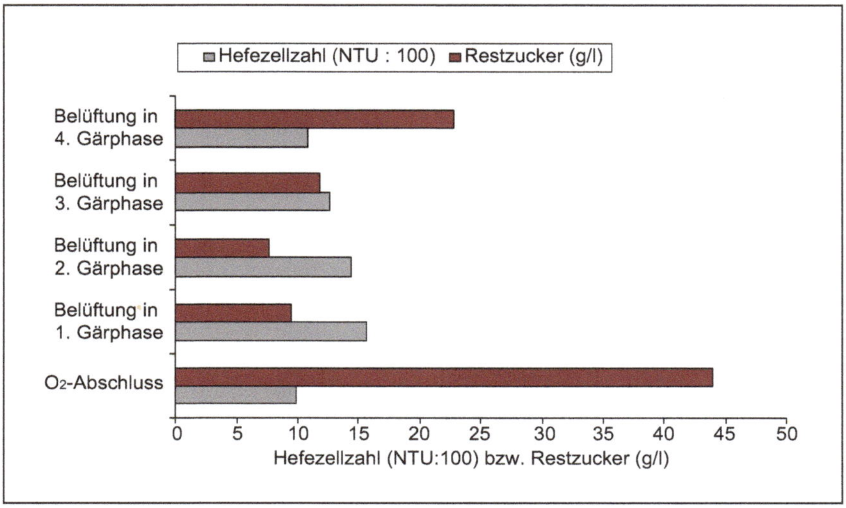

Abb. 24: Einfluss der Belüftung gärender Moste auf Hefezellzahl und Endvergärungsgrad in Abhängigkeit von der Gärphase. Mittelwerte aus zwei Hefen in zwei Mosten

von Gärsalz, woraus sich praktische arbeitstechnische Vorteile ergeben. Der kombinierte Zusatz von Sauerstoff und Stickstoff zeigt einen größeren Effekt auf die Gärkinetik als die Summe der Einzeleffekte.

In der Endphase oder nach bereits erfolgtem Gärstopp ist eine Begasung annähernd wirkungslos, weil die Hefe bereits in ihrer enzymatischen Konstitution festgelegt ist. Ähnliches gilt für den Gärstart, weil die Hefe, auf die der Sauerstoff wirken soll, noch nicht vollständig vorliegt.

Während der Mostverarbeitung aufgenommener Sauerstoff ist in diesem Zusammenhang völlig wirkungslos, weil er vor Eintritt der Gärung an Phenole gebunden wird. Bis zum Gärstart ist er vollständig verschwunden. Bei Mostoxidation und Sauerstoffzufuhr während der Gärung handelt es sich um zwei völlig unterschiedliche Anwendungsgebiete von Sauerstoff mit ebenso unterschiedlichen Zielen.

8.2 Praktische Anwendung

Wie kann man sich im praktischen Betrieb den Effekt des Sauerstoffs zunutze machen, um das Durchgären weißer Moste zu fördern? Sicher ist es mit einer Anlage zur Mikrooxygenierung kein Problem, die benötigten Mengen an Sauerstoff abzumessen und langsam einzubringen. Diese Lösung scheitert im Allgemeinen jedoch an der Verfügbarkeit solcher Einrichtungen.

Im Winzerbetrieb mit den typischen Gebindegrößen von 10–100 hl besteht eine brauchbare Alternative in der Verwendung einer feinporigen Fritte, die mittels Schlauch mit dem Druckminderer einer Sauerstoffflasche verbunden und über das Spundloch bis in das untere Viertel des Behälters eingeführt wird. Eine exakte Dosage ist überflüssig, weil der auf diese Weise eingebrachte Sauerstoff zum überwiegenden Teil, in einer Größenordnung zwischen 90, 99 und 99,9 %, durch Gärungskohlensäure ausgewaschen wird, bevor ihn die Hefe aufnehmen kann. Folglich ist man dazu gezwungen, mit einem hohen Überschuss an Sauerstoff zu arbeiten. Davon stellt ein verschwindend geringer Anteil den biochemischen Sauerstoffbedarf der Hefe zufrieden, während der Rest wirkungslos entweicht.

Als effektiv hat sich eine Begasung zwischen 10 und 15 Minuten erwiesen, wobei sich der maximal mögliche Sauerstofffluss, an der Druckarmatur zu regulieren, an der im Most erzeugten Turbulenz orientieren muss. In der Tat ist der Vorgang sorgfältig zu überwachen, um bei drohendem Überschäumen die Gaszufuhr rechtzeitig drosseln zu können. Daher erfordert dieses Vorgehen einiges handwerkliches Geschick.

Für den verwendeten Sauerstoff genügt technische Qualität, wie sie auch beim autogenen Schweißen Anwendung findet. Druckluft ist ungeeignet, da der darin enthaltene Stickstoffanteil ein Überschäumen geradezu provoziert.

9 Das Tannin der Rotweine

9.1 Das Wesen der Adstringens

Rotweine vertragen ungleich mehr Sauerstoff als Weißweine und benötigen darüber hinaus sogar eine gewisse Menge davon. Grund ist ihr Tannin, das relativ große Mengen von Sauerstoff schadlos binden und sich dabei sensorisch positiv verändern kann. Das Tannin, das den Weißweinen weitgehend fehlt, ist das grundlegende Stilelement der Rotweine. Es verleiht ihnen ihre Adstringens in verschiedenen Ausdrucksformen, deren Wahrnehmung durch die Menge und Qualität des Tannins sowie anderer Weininhaltsstoffe differenziert wird.

Die verschiedenen Verfahren zum Ausbau der Rotweine sind tendenziell oxidativer als die von Weißwein und beinhalten sogar einen bewussten Eintrag von Sauerstoff mit dem Ziel, das Tannin sensorisch zu optimieren. Ausmaß und Zeitpunkt des Sauerstoffeintrags sind jedoch strittig und von der qualitativen und quantitativen Zusammensetzung des Tannins abhängig. Bei ihrer sensorischen Bewertung steht die Adstringens im Vordergrund. Deshalb erfordert der Ausbau von Rotwein eine nähere Betrachtung der beiden zentralen Parameter, die Tannin und Adstringens darstellen.

Oft mit Bitterkeit verwechselt, handelt es sich bei der Adstringens nicht um einen Geschmackseindruck, sondern um eine Reizung der Schleimhäute des Mund- und Rachenraums. Auch die Anthocyane sind daran beteiligt. Sie sind nicht nur verantwortlich für die rote Farbe, sondern weisen auf indirektem Weg auch geschmackliche Qualitäten auf. Mit dem Tannin gehen sie chemische Reaktionen mit sensorischen Konsequenzen ein. Deshalb ist es gerechtfertigt, Tannin und Anthocyane im Zusammenhang zu sehen und von einem Tannin-Anthocyan-Komplex zu sprechen. Die daran beteiligten Substanzen gehören zur Familie der flavonoiden Phenole aus der Traube (61, 110, 134).

Die Adstringens ist keineswegs ein fest vorgegebener Sinneseindruck mit zeitlich stabiler Intensität, sondern unterliegt Veränderungen während Ausbau und Lagerung der Weine. Diese Variabilität wird durch chemische Reaktionen des Tannin-Anthocyan-Komplexes verursacht, die im Wesentlichen Vorgänge von Oxidation und Polymerisation umfassen. Unter Polymerisation versteht man die Zusammenlagerung von vielen kleinen zu wenigen großen Molekülen. Reaktionen dieser Art können durch kellertechnische Maßnahmen, die man unter dem Begriff des Tannin-Managements zusammenfasst, beeinflusst werden. Die Zusammenhänge zwischen Weinbereitung, Tanningehalt und sensorischer Umsetzung des Tannins sind nur in Grundzügen bekannt.

Über die Bedeutung eines rechten Maßes an Adstringens für Qualität, Akzeptanz und Abgrenzung der Rotweintypen untereinander herrscht weitgehend Übereinstimmung. Trotzdem wird sie in der Praxis der sensorischen Qualitätskontrolle nur selten als solche quantifiziert, sondern meist unspezifisch im Rahmen des übergeordneten Begriffs der Rotweinart beurteilt. Verantwortlich dafür ist zum Teil eine ungenügende Differenzierung der Sinneseindrücke, die der Wein beim Passieren des Mund-Rachen-Raumes hinterlässt.

Die Adstringens zählt zu den sogenannten trigeminalen Wahrnehmungen. Deren Name rührt von dem 5. Hirnnerv, dem Nervus trigeminus, her. Er ist an der Chemorezeption im Bereich von Mund, Nase und Rachen beteiligt und fungiert vor allem als Tastnerv, der sämtliche Wärme-, Tast- und Schmerzempfindungen der Mundregion an das Gehirn weiterleitet. Zu den trigeminalen Empfindungen zählen außer der Adstringens des Tannins auch das Brennen des Alkohols, das Prickeln der Kohlensäure, das Stechen der schwefligen Säure, die Schärfe des Pfeffers und die kühlende Wirkung von Menthol (13). Bereits daraus geht hervor, dass es sich bei der Adstringens keineswegs um einen Geschmackseindruck handelt, der sich aus einer der vier Grundgeschmacksarten „süß", „sauer", „salzig" und „bitter" ableiten ließe. Adstringens ist ein Sinneseindruck, der eigenständig und unabhängig von anderen sensorischen Wahrnehmungen bemessen wird. Daran ändert auch die Tatsache nichts, dass Adstringens und Bitterkeit im Tannin des Weins gleichzeitig auftreten und von ungeschulten Verkostern nicht genügend differenziert werden. Ihr Zusammenwirken beschreibt man als Tannizität. In gut gemachten Weißweinen ist sie mangels Tannin nicht vorzufinden. Für Rotweine ist sie charakteristisch.

Das Gefühl der Adstringens entsteht, wenn Proteine des Speichels mit Tannin reagieren und ausgefällt werden (54). Dieser Vorgang entspricht der klassischen Eiweiß-Gerbstoff-Reaktion, die sich bei der Behandlung von Rotwein mit glättenden Schönungsmitteln einstellt. Dabei verliert der Speichel seine Wirkung als Gleitmittel im Mund- und Rachenraum unter Entstehung eines Sinneseindrucks, den man als scheuernd, reibend, pelzig, gerbend und austrocknend beschreibt. Die Reibung ergibt sich aus der Bewegung verschiedener Teile der Mundschleimhaut aneinander vorbei und spricht den Tastsinn an. Daraus geht das mechanische Prinzip der Adstringens hervor. Das Gefühl kann noch mehrere Minuten nach Beendigung der Stimulation durch Schlucken oder Ausspucken des Weins anhalten, und zwar umso länger, je höher die Konzentration des Tannins ist. Durch Desorption des Tannins von den Schleimhäuten des Mundraums nimmt es schließlich wieder ab. Grundsätzlich nimmt mit steigender Tanninkonzentration die Adstringens stärker zu als die Bitterkeit.

Die vollständige sensorische Beschreibung der Adstringens kann nur durch sogenannte Zeit-Intensitäts-Methoden erfolgen. Sie berücksichtigen, wie bereits aus dem Begriff hervorgeht, sowohl die Intensität als auch die zeitliche Dauer der Wahrnehmung. Dies wird im Rahmen sensorischer Studien umgesetzt, indem die wahrgenommene Intensität in Abhängigkeit von der Zeit mittels PC-Maus auf einem Diagramm aufgezeichnet wird (109). Daraus ergeben sich Zeit-Intensitäts-Kurven, von denen eine exemplarisch in Abb. 25 dargestellt ist. Aus solchen Diagrammen lassen sich mehrere Parameter ableiten: die maximale Intensität (a), die Zeit bis zum Erreichen der maximalen Intensität (b), die Gesamtdauer der Wahrnehmung (c) sowie die Intensität der Reaktion auf den Stimulus als Fläche unterhalb der Kurve.

Proteine eiweißreicher Speisen wirken kompetitiv mit dem Eiweiß des Speichels und setzen die adstringierende Wahrnehmung herab, indem sie selbst Tannin binden. Daraus erklärt sich die Eignung von Käse zur Begleitung tanninreicher Rotweine.

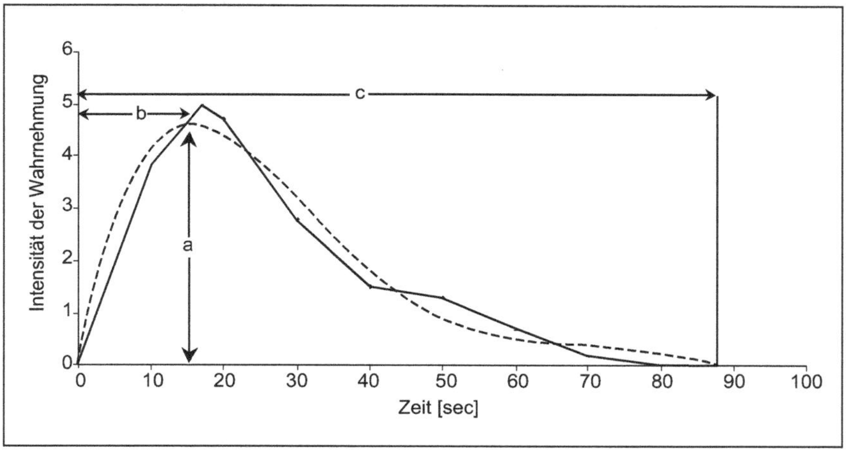

Abb. 25: Beispiel einer Zeit-Intensitätskurve für Adstringens: a = Intensität am Maximum, b = Zeit bis zum Maximum, c = Gesamtdauer der Wahrnehmung

Die Intensität der Wahrnehmung von Adstringens schwankt zwischen den Individuen in Abhängigkeit vom genetisch vorgegebenen, individuellen Speichelfluss (48). Je niedriger der Speichelfluss, desto stärker die Wahrnehmung, desto länger die Zeitspanne bis zum Erreichen des Maximums und desto länger das zeitliche Anhalten der Wahrnehmung.

Die Reizung der Mundhöhle bewirkt eine Stimulierung der Speichelsekretion. Dadurch wird nach einer gewissen Zeit die ursprüngliche Schmierwirkung wiederhergestellt. Der Zeitfaktor spielt bei der Rekonstitution des Speichels eine erhebliche Rolle. Die klassichen Adaptionserscheinungen, wie man sie von den Basalgeschmäckern her kennt, treten in diesem Fall jedoch nicht auf. Im Gegenteil, Intensität und zeitliches Anhalten der Adstringens nehmen bei wiederholter Aufnahme von Rotwein sogar zu, und zwar um so stärker, je kürzer die Intervalle zwischen den Proben sind (69). Diesen Vorgang nennt man *carry-over* oder, einfacher gesagt, die Übertragung der Adstringens von einem auf den nächsten Wein.

Der Verbrauch der Proteine des Speichels im Verlauf wiederholter Stimulierung erklärt die zunehmend längere Dauer der Empfindung. Bei Dauerbelastung kommt es zu einer Sensibilitätszunahme mit der Folge, dass Unterschiede in der Adstringens falsch bemessen werden. Dieses Problem der Sensibilisierung stellt sich bei umfangreichen Verkostungen von Rotweinen. Deshalb ist es sinnlos, bei sehr tanninreichen Weinen die Prüfer mit mehr als 12 bis 15 Proben in Serie zu überfordern. Zumindest sind Phasen der Desensibilisierung im Verlauf längerer Probenfolgen erforderlich.

9.2 Sensorische Differenzierung des Tannins

Die Weinbeschreibung kennt eine unüberschaubare Vielfalt von Adjektiven zur Beschreibung der Qualität des Tannins: Mit „robust", „seiden", „samt", „hart", „grün", „bissig", „nachhaltig", „reif", „aggressiv", „fein", „eingebunden" sind nur einige davon genannt. Die meisten dieser Begriffe sind wenig präzise, so dass die Notwendigkeit einer sprachlichen Normierung offensichtlich ist. Absolut unzulässig ist die Annahme, dass eine gegebene Menge Tannins in allen Weinen gleich schmecken würde. Bereits von der Traube her wird es in unterschiedlicher Qualität vorgegeben. Im Wein wird sein sensorischer Ausdruck durch andere Inhaltsstoffe weiter differenziert. Abb. 26 gibt einen Überblick über diese Zusammenhänge.

Abb. 26: Geschmackliche Ausdrucksformen des Tannins. Wechselwirkungen mit anderen Weininhaltsstoffen

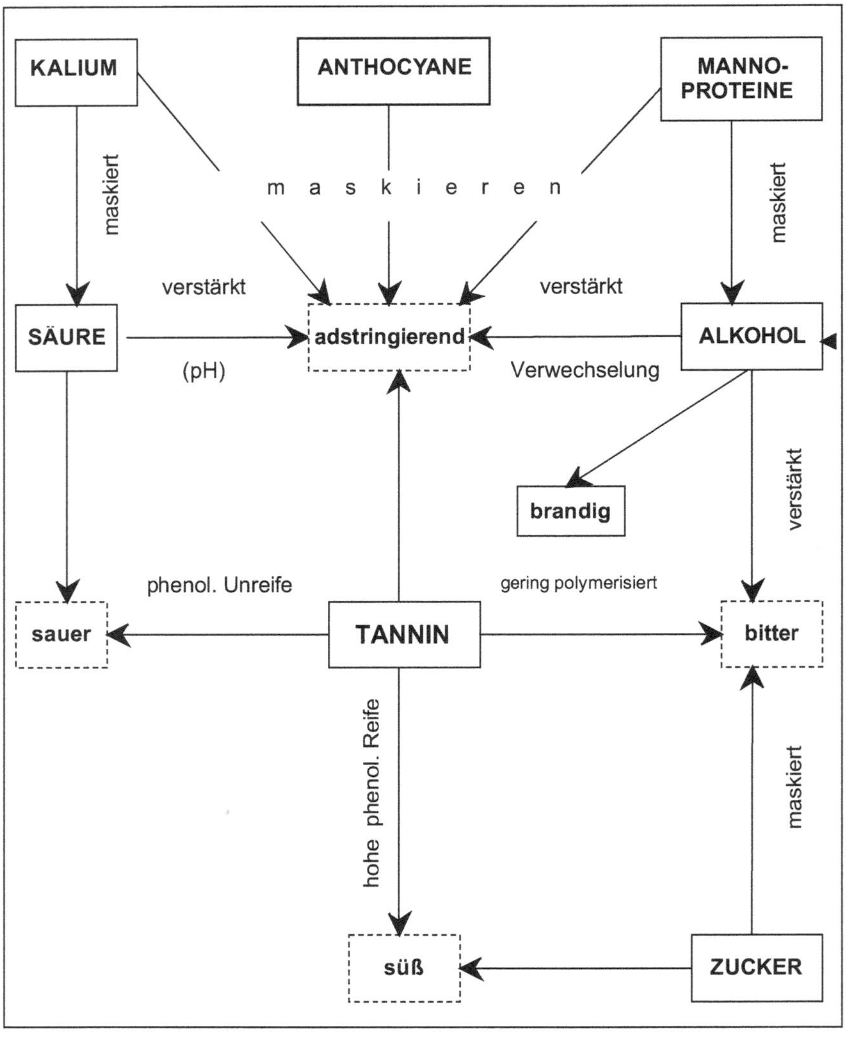

Ein geringer Polymerisationsgrad des Tannins, typisch für manche Rebsorten oder Vinifikationsverfahren, verstärkt seine bittere Geschmackskomponente. Lesegut von hoher phenolischer Reife vermittelt ihm einen süßen Beigeschmack, der im Extremfall sogar 3–4 g/l Zucker vortäuschen kann. Umgekehrt äußert sich eine geringe phenolische Reife in einem sauren Tannin. Der saure Eigengeschmack addiert sich zu dem der Säure und kann den Wein um bis zu 1 g/l Säure saurer erscheinen lassen als er wirklich ist. Diese rein geschmacklichen Qualitäten des Tannins liegen unabhängig von seiner Adstringens vor und werden von den gängigen Verfahren des Tannin-Managements im Keller nur wenig beeinflusst. So wird ein saures Tannin immer sauer bleiben und das einzige önologische Stilmittel zur Abhilfe besteht darin, die Korrektur des sauren Geschmacks an der Gesamtsäure vorzunehmen, beispielsweise durch Entsäuerung mit Kaliumhydrogencarbonat. Eine solche Korrektur kann in vielen Rotweinen, selbst solchen aus sehr reifem Lesegut und nach vollständig abgelaufenem BSA, sinnvoller sein als schlecht beherrschte Verfahren zur sensorischen Optimierung des Tannins.

Sinngemäß ist eine konklusive sensorische Beurteilung des Tannins nur möglich, wenn eine eventuell störende Säure durch steigende Zusätze von Kaliumhydrogencarbonat ($KHCO_3$) experimentell entfernt bzw. überhaupt erst erkannt wird. Entsprechende Vorversuche in Schritten von 0,3 g/l $KHCO_3$ sind immer empfehlenswert.

Die Wahrnehmung der Adstringens selbst wird durch eine Vielfalt anderer Weininhaltsstoffe beeinflusst und ist bei weitem nicht nur eine Frage des Tannins allein. Wie unreifes Tannin Säure vortäuscht, so verstärkt Säure die Adstringens des Tannins. Dieser Effekt wird direkt durch den mit hoher Säure einhergehenden niedrigeren pH-Wert kontrolliert (110). Die meisten Verkoster nehmen auch eine Zunahme des Alkoholgehalts in Form einer verstärkten Adstringens wahr. In diesem Fall handelt es sich offenbar um eine mangelhafte sensorische Differenzierung, denn die Brandigkeit des Alkohols und die Adstringens des Tannins, beide trigeminale Wahrnehmungen, liegen in der sensorischen Umsetzung tatsächlich nahe beieinander. Nicht zuletzt wird auch die Bitterkeit durch zunehmenden Alkohol verstärkt. Abb. 27 zeigt die Effekte steigender Mengen Alkohols in einem Rotwein, wie sie durch eine für diesen Zweck geschulte Verkostergruppe wahrgenommen wurden. Ein großer Teil dessen, was in alkoholreichen Rotweinen als Tannizität beschrieben wird, ist auf den Alkohol selbst zurückzuführen.

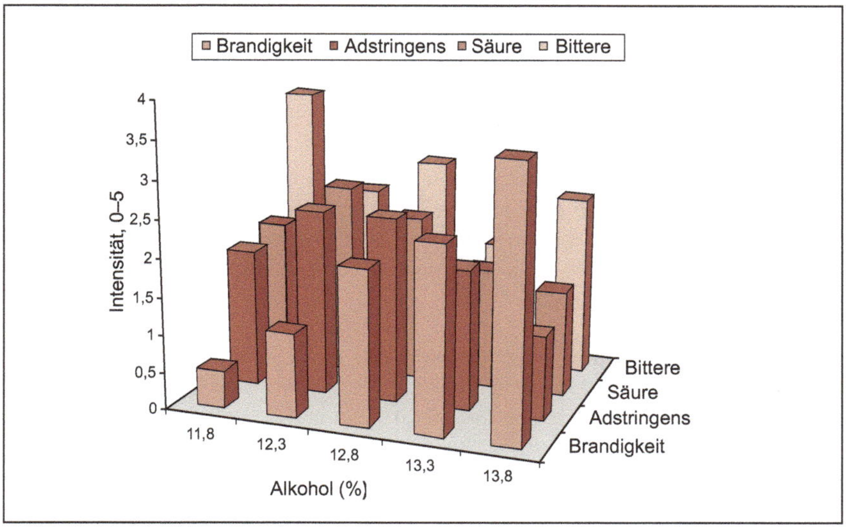

Abb. 27: Einfluss steigenden Alkohols auf Brandigkeit, Bittere, Adstringens und sauren Geschmack in Rotwein

Umgekehrt wird die Adstringens durch eine Reihe anderer Weininhaltsstoffe maskiert. Einer dieser maskierenden Effekte kommt dem Kalium zu. Dies kann man leicht nachvollziehen, wenn man einen Wein unter experimentellen Bedingungen mit steigenden Mengen eines neutralen Kaliumsalzes, zum Beispiel dem der Äpfel- oder Milchsäure, versetzt. Da dabei die Gesamtsäure nicht verändert wird, ist die

Wirkung allein dem Eigengeschmack des Kaliums zuzuschreiben. Der Kaliumgehalt der Weine unterliegt einer weiten Schwankungsbreite, wird durch eine gängige Feinentsäuerung mit Kaliumhydrogencarbonat oft unbewusst erhöht und beeinflusst die Wahrnehmung von Adstringens als auch Säure (150).

9.3 Harte und weiche Tannine

Die Adstringens vermittelt dem Rotwein Gerüst und Struktur. Im Sinne eines präzisen Sprachgebrauchs ist sie deutlich zu differenzieren von der Mundfülle, die in der sensorischen Schulung am ehesten durch die Viskosität des Glycerins modelliert wird. Das bereits erwähnte Kalium, aber auch Anthocyane und Mannoproteine leisten einen Beitrag zur Mundfülle.

Anthocyane, die monomeren Farbpigmente aus der Traube, gelten weithin als geschmackslos. Dennoch mindern sie die Adstringens, wenn man sie experimentell einem Rotwein zufügt. Eine mögliche Ursache ist die taktile Wahrnehmung der Mundfülle, die sie hervorrufen und die Adstringens maskiert (156). Eine andere Erklärung liegt in ihrer raschen Reaktion mit dem Tannin. Während der Reifung von Rotweinen verbinden sich Anthocyane und Tannine zu polymeren Pigmenten, deren Adstringens mit zunehmender Länge der Molekülkette zunimmt. Ist die Endposition einer solchen Molekülkette durch ein Anthocyan besetzt, wird eine weitere Polymerisation unterbunden. Tannine geringerer Kettenlänge sind die Folge. Deshalb schmecken Rotweine weicher, wenn sie viel Anthocyan enthalten (24, 25). Betrachtet man Rotweine einer Rebsorte, korreliert die sensorisch umsetzbare Gesamtqualität hoch positiv mit dem Anthocyangehalt und, mit geringerer Signifikanz, mit der Intensität der roten Farbe (156, 176).

Dem Effekt der Mannoproteine kommt in der aktuellen Önologie eine besondere Bedeutung zu. Tannine ab einer gewissen Molekülgröße (Oligomere) assoziieren untereinander zu Partikeln kolloidaler Natur mit einem mittleren Durchmesser von 350 µm. In einem zweiten Schritt reagieren diese Partikel mit anderen Kolloiden nicht phenolischer Natur, insbesondere Polysacchariden und Proteinen. In Abhängigkeit von deren Art und Konzentration können die gleichen Tanninmoleküle als gute oder schlechte, harte oder weiche Tannine wahrgenommen werden. Durch Anlagerung saurer Polysaccharide wird ihre Adstringens erhöht. Neutrale Polysaccharide wie Mannoproteine aus der autolysierenden Hefe setzen ihre Adstringens herab (17, 47, 135, 136).

In dem beschriebenen Sinn stellen polymerisierte Phenole nur das Grundgerüst von Tanninen dar, die durch Anlagerung anderer Kolloide zusätzlich differenziert werden. Tannine, die in komplexe neutrale Moleküle räumlich eingeschlossen sind, verlieren ihre sensorische Aggressivität und entwickeln den Charakter weicher Tannine. Die Beeinflussung der Adstringens durch kolloidale Komplexe entwickelt sich zunehmend zu einem Schwerpunkt der Tanninforschung, weil allein die Entschlüsselung der molekularen Strukturen der beteiligten Phenole nicht alle sensorischen Phänomene erklären kann (61).

Trotz der noch bestehenden Wissenslücken findet die Wechselwirkung zwischen Tanninen und Kolloiden bereits praktische Anwendung. Ein Teil des durch Kolloide komplexierten Tannins wird bereits aus den Beerenschalen der Trauben extrahiert.

Solche Tannine, mit Proteinen und Polysacchariden assoziiert, sind umso weicher, je weiter die physiologische Reife der Trauben fortgeschritten ist. Sie verleihen dem Wein Körper und Fülle. Im Gegensatz dazu weisen die Tannine aus den Kernen einen tendenziell geringeren Polymerisationsgrad ohne kolloidale Komplexierung auf. Sie präsentieren sich als deutlich adstringierender oder sogar sauer (61). Ihre Adstringens wird önologisch zur Ausarbeitung von Gerüst und Struktur genutzt, wobei das ideale Verhältnis von Kerntanninen zu Schalentanninen eine offene Streitfrage ist. Diese Frage entzündet sich an den persönlichen Vorlieben, denn strukturbetonte Weine stehen gegen körperbetonte Weine. Moderne Maischegärtanks mit der Möglichkeit des Kernaustrags eröffnen früher unbekannte technische Optionen. Die gezielte Anreicherung des Weins mit Kolloiden kann kellertechnisch durch den Kontakt mit der Hefe und den Bakterien des BSA erfolgen. In seiner extremen Form führt dies zum Ausbau des Rotweins *sur-lie*, das heißt auf der Hefe unter periodischem Aufrühren derselben während mehrerer Monate. Das sensorische Resultat ist eine Zunahme der Vollmundigkeit und die Entstehung weicherer Tannine durch ihren Einschluss in die aus der Hefe freigesetzten Mannoproteine (135, 136). Dies kommt besonders beim Ausbau im Barrique zum Tragen, so dass der ideale Ausbau im Barrique unfiltriert erfolgt (47). Die geringe Hefemenge, die nach Maischegärung und Pressen im Rotwein verbleibt, setzt diesem Verfahren eine natürliche Grenze. Hohe pH-Werte in Verbindung mit Temperaturen über 15 °C behaften es mit dem Risiko bakterieller Fehltöne. Andererseits verarmt eine scharfe Filtration im frühen Weinstadium den zur Maskierung von Adstringens nötigen Kolloidgehalt. Im Zuge der Entwicklung hin zur additiven Önologie gibt es Bestrebungen, diese Nachteile durch Zusatz von Mannoproteinen in unterschiedlichen Handelsformen zu entschärfen.

10 Beurteilung des Tannins in der Rotweinbereitung

10.1 Messung des Tannins

Die besonderen Techniken der Rotweinbereitung verfolgen das Ziel, Anthocyane und farblose Phenole aus Kernen und Beerenschalen zu extrahieren und den Wein damit anzureichern. Beide Stoffgruppen zusammen stellen den Gesamtphenolgehalt der Rotweine und bilden ihr Tannin oder, besser gesagt, ihren Tannin-Anthocyan-Komplex. Mit seinen 1–4 g/l differenziert diese sie von den Weißweinen und stellt sogar den Schlüssel zum Verständnis der Rotweine dar. Trotzdem wird dieser entscheidende Inhaltsstoff im deutschsprachigen Raum fast nie in der Qualitätskontrolle berücksichtigt, weil sich die Aufmerksamkeit der Menschen traditionell in den rechtlich relevanten Parametern wie Alkohol, Zucker und Säure erschöpft. Es ist daher sinnvoll, sich intensiver mit dieser geheimnisumwitterten Substanz zu beschäftigen, die für Wesen und Qualität der Rotweine verantwortlich ist.

Bei allen am Tannin beteiligten Substanzen handelt es sich um phenolische Verbindungen pflanzlichen Ursprungs. Zu einer ersten summarischen Beurteilung kommen daher zwangsläufig Methoden der Phenolanalytik zum Einsatz. Ein Weg führt über die Ermittlung des Gesamtphenolgehalts mittels der hinreichend bekannten Methode nach Folin-Ciocalteu. Dabei wird die Summe aller in das Tannin eingehenden Einzelphenole gemessen und in Form einer Referenzsubstanz ausgedrückt, so wie die Gesamtsäure des Weins als Weinsäure angegeben wird (164). Üblicherweise dienen als Referenzsubstanzen Catechin oder Gallussäure, wobei 1 mg/l Gallussäure ca. 1,5 mg/l Catechin entspricht. Ein anderer Weg besteht darin, die Lichtabsorption der Phenole im UV Bereich bei 280 nm als Index für den Gesamtphenolgehalt heranzuziehen und als Absorptionseinheiten auszudrücken (175, 177).

Beide Methoden haben ihre Vor- und Nachteile, sind relativ unspezifisch und erfassen natürlich auch die Anthocyane. Ihre Anwendung auf Weißweine ist problematisch, während sie für Rotweine mit ihrer ungefähr zehnfach höheren Phenolkonzentration ein robustes Kontrollinstrument darstellen. Deshalb werden sie weltweit zur Betriebskontrolle in der professionellen Rotweinerzeugung eingesetzt. Ihre Bedeutung für die Praxis liegt darin begründet, dass sie eine schnelle Information über die Intensität der Rotweinart, die Adstringens und das zu erwartende Reife- und Alterungsverhalten der Weine liefern.

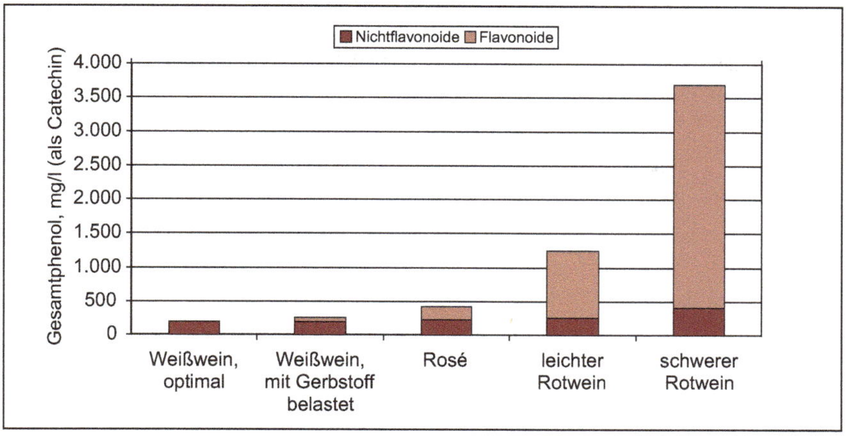

Abb. 28: Gesamtphenolgehalte verschiedener Weinarten

Mittels des Gesamtphenolgehalts, gemessen in mg/l Catechin, ergibt sich eine einfache Kategorisierung der Weinarten und -typen, die in Abb. 28 dargestellt ist. Durchschnittliche Weißweine enthalten ca. 200 mg/l Gesamtphenole, die zum größten Teil aus geschmacklich unbedeutenden, nichtflavonoiden Phenolen aus dem Pulpsaft bestehen. Sie haben nicht den Charakter von Tannin oder Gerbstoffen. Erst wenn flavonoide Phenole aus den festen Traubenbestandteilen extrahiert werden, kann man von Tannin und einer damit einhergehenden Adstringens sprechen. Rosé- und schlecht gemachte Weißweine zeigen dies ansatzweise. Erst die mit Maischegärung, -erhitzung usw. einhergehende gezielte Extraktion von Tannin und Anthocyanen treibt den Gesamtphenolgehalt in die für Rotwein übliche Größenordnung.

Leichte Rotweine weisen einen Gesamtphenolgehalt um ca. 1.000 mg/l auf, der als unterste Grenze angesehen werden kann, ab der eine zufriedenstellende Rotweinart im Geschmack gegeben ist. In kräftigen Rotweinen kann dieser Gehalt auf über 3.000 mg/l ansteigen. Diese beachtliche Schwankungsbreite ist auf Unterschiede im Ertrag, in der phenolischen Reife der Trauben, der Länge und Art der Maischestandzeit sowie der Temperatur zurückzuführen. Sie erklärt, warum Rotweine bei gleichen makroanalytischen Werten (Säure, Alkohol, Zucker) unterschiedliche geschmackliche Qualität und Wertigkeit aufweisen.

Art und Typ der Rotweine sind weitgehend, aber nicht nur, eine Frage des Gesamtphenolgehalts. Da die Säure als geschmacksbildendes Element in den Hintergrund tritt, übernehmen die Gesamtphenole bzw. das Tannin die Rolle der sensorisch dominierenden und differenzierenden Inhaltsstoffe. Adstringens, Bittere, Körper, Mundfülle und Textur sind die elementaren sensorischen Parameter, mit denen ihr Geschmack beschrieben wird. Vor allem wird der Adstringens eine gewisse, als angenehm empfundene Intensität in Rotweinen abverlangt, damit es keine roten Weine sind. Dieses Ausmaß ist strittig, subjektiv, vom angestrebten Weintyp und dem anvisierten Marktsegment abhängig.

10.2 Gesamtphenolgehalt beschreibt Adstringens

Abb. 29 zeigt den Zusammenhang zwischen Gesamtphenolgehalt und sensorisch wahrgenommener Adstringens anhand von 18 Rotweinen, die von 21 für diesen

Zweck geschulten Verkostern beurteilt wurden. Aus dem Bestimmheitsmaß R^2 von 0,63 geht hervor, dass sich 63 % der Adstringens aus dem Gesamtphenolgehalt erklären lassen (152). Diese Aussagekraft bedarf einer Erläuterung durch den Vergleich mit einem anderen gängigen Parameter, zum Beispiel der Gesamtsäure. Dank unterschiedlicher Anteile mehr oder weniger sauer schmeckender Einzelsäuren können sich Weine trotz gleicher Gesamtsäure unterschiedlich sauer präsentieren. Zusätzlich spielt der pH-Wert eine Rolle, hinter dem sich variable Mengen von Kalium und weiteren Erdalkali verbergen, die Säure geschmacklich maskieren. Auch Zucker und Alkohol wirken gegenläufig und relativieren die Information, die die Gesamtsäure über den zu erwartenden sauren Geschmack gibt. Dennoch ist trotz all dieser Unzulänglichkeiten die Bestimmung der Gesamtsäure eine gängige Praxis, um Weine geschmacklich einzuordnen und die Sensorik zu unterstützen. Stellt man als Konsequenz daraus eine Gesamtsäure von 9 g/l fest, beurteilt man den Wein als zu sauer und strebt eine Entsäuerung an.

Abb. 29: Zusammenhang zwischen Adstringens und Gesamtphenolgehalt in Rotweinen verschiedener Rebsorter (Rheinhessen, 1997)

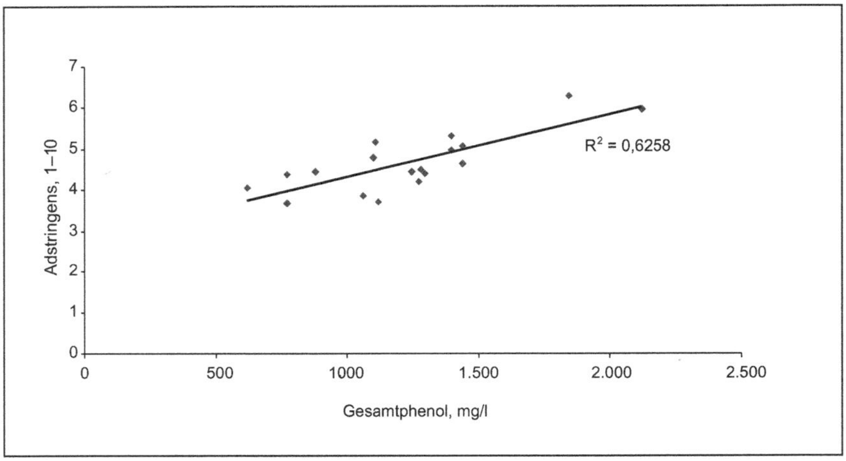

Was resultiert daraus für den Gesamtphenolgehalt? Füllt man einen jungen Rotwein mit 3.000 mg/l Gesamtphenol ab, ist es damit vergleichbar, als würde man dem Verbraucher einen Weißwein mit 10 g/l Gesamtsäure zumuten. Erst durch viele Jahre der Reifung in Verbindung mit moderaten Mengen Sauerstoff wird sich dieses Tannin durch den chemischen Prozess der Polymerisation so verändern können, dass es in den genussfähigen Bereich gelangt. Andernfalls wird man einen Teil davon durch Einsatz eiweißähnlicher Schönungsmittel entfernen und in Zukunft die Maischestandzeit verkürzen. Beträgt der Gesamtphenolgehalt jedoch nur 800 mg/l, wird bei der Qualitätsweinprüfung höchstwahrscheinlich die Rotweinart in Frage gestellt, obwohl die Farbe zufriedenstellend sein mag. Rotweine, die jung abgefüllt werden, bewegen sich mehrheitlich im Bereich von 1.500–2.000 mg/l Gesamtphenol, obwohl man im Einzelfall schon bei 1.700 mg/l korrigierend eingreifen mag. Andererseits ist dies der Mindestgehalt, ab dem der Ausbau von Rotwein in Holz sinnvoll ist. Große Rotweine aus dem Barrique weisen selten weniger als 2.000 mg/l auf. All diese Angaben beziehen sich stets auf Catechin als Bezugssubstanz.

Der Gesamtphenolgehalt mindert sich während des ersten Jahres um ca. 10 %, weil phenolische Gruppen durch Polymerisation und Ausfällung aus dem System ausscheiden. Danach ist er recht stabil. Die Lagerung in neuer Eiche führt trotz der damit verbundenen Aufnahme von geschmacksprägenden Phenolen zu keiner signifikanten Erhöhung. Insofern kann aus diesem Wert keine Aussage über die Art des vorangegangenen Ausbaus abgeleitet werden. Umgekehrt führen Gerbstoff mindernde Schönungen selten zu einem Verlust von mehr als 10 %, da bei solchen Behandlungen bevorzugt hoch reaktive und geschmacksintensive Phenolfraktionen entfernt werden, die quantitativ kaum zu Buche schlagen.

Der Gesamtphenolgehalt, wie auch immer gemessen, ist dennoch die am weitesten verbreitete Methode zur Charakterisierung von Tannizität und Rotweinart, weil sie ein optimales Verhältnis von Aussagekraft und Aufwand bietet. Zur gezielten Vinifikation gewünschter Rotweintypen wird die Maische abgepresst, wenn über die visuell wahrnehmbare Farbe hinaus auch ein ausreichender Gesamtphenolgehalt erreicht ist. Über die Optimierung der Maischestandzeit hinaus gibt er Hilfestellung bei der Einstufung des zu erwartenden Qualitäts- und Alterungspotenzials, bei der Entscheidung über die Art des Ausbaus, bei der Erkennung von starken Abweichungen vom Sortentyp sowie bei der sensorischen Beurteilung der Adstringens in Hinblick auf eventuell notwendige Korrekturen. Solange die Bedeutung dieses elementaren Parameters nicht stärker ins Bewusstsein rückt, bleibt die Ausarbeitung von Geschmacksprofilen bei Rotwein nicht frei von Empirie und Zufall.

Trotz seiner grundlegenden Bedeutung für die Beurteilung der Rotweine weist der Gesamtphenolgehalt als alleiniges Kriterium auch Unzulänglichkeiten auf. Eine dieser ist, dass er nicht nur das Tannin, sondern die Summe von Tannin und Anthocyanen erfasst. Besonders in farbintensiven Rotweinen gehen die Anthocyane überaus stark in den Wert ein. Weiterhin bleiben strukturelle Unterschiede, die die Qualität des Tannins ausmachen, unberücksichtigt. Zwar ist es dank HPLC möglich, aus der Vielfalt der involvierten Verbindungen zahlreiche Einzelsubstanzen zu bestimmen, doch ihre Interpretation führt zu der bekannten Situation, in der man vor lauter Bäumen den Wald nicht sieht. Die vollständige Aufschlüsselung des Tannin-Anthocyan-Komplexes bleibt weiterhin der Albtraum der Analytiker und ist ohne praktische Relevanz.

Hilfreicher war die Entwicklung von Methoden zur quantitativen Erfassung technisch und sensorisch relevanter Fraktionen des Tannin-Anthocyan-Komplexes, von denen jede wiederum in Form einer Referenzsubstanz ausgedrückt wird. Die verschiedenen Methoden (10, 14, 32, 57, 59, 70, 71, 82, 105, 201) korrelieren unterschiedlich stark mit der sensorisch umsetzbaren Adstringens und haben eine Aussagekraft, die im Einzelfall der des Gesamtphenolgehalts überlegen ist. Setzt man photometrisch ermittelte Gehalte von Gesamtphenol und monomeren Flavonoiden (105, 201) ins Verhältnis, erhält man einen Polymerisationsindex (62, 152, 190), der eine Auskunft über die durchschnittliche Mokekülgröße des Tannins und das chemische Alter des Weins gibt. Grundsätzlich sind diese Methoden in jedem Labor, das photometrisch arbeiten kann, anwendbar.

Das Vorgehen entspricht im Prinzip einer Zerlegung des Gesamtphenolgehalts in zunehmend kleinere Fraktionen gemäß dem in Abb. 30 dargestellten Schema. Man gelangt so zu einem Phenolspektrum. Jede Fraktion weist unterschiedliche chemische, chromatische und geschmackliche Eigenschaften auf. Im Verlauf der Lagerung verändern sich ihre relativen Mengenanteile. So nehmen die monomeren Formen der Anthocyane und farblosen Flavonoiden ab, um unter- oder miteinander zu dem Tannin gereifter Rotweine zu polymerisieren. Im Vergleich mit Weißweinen ist die Situation ungleich komplizierter.

Abb. 30: Gesamtphenole in Rotwein, Fraktionierung zur Qualitätskontrolle (in mg/l Catechin)

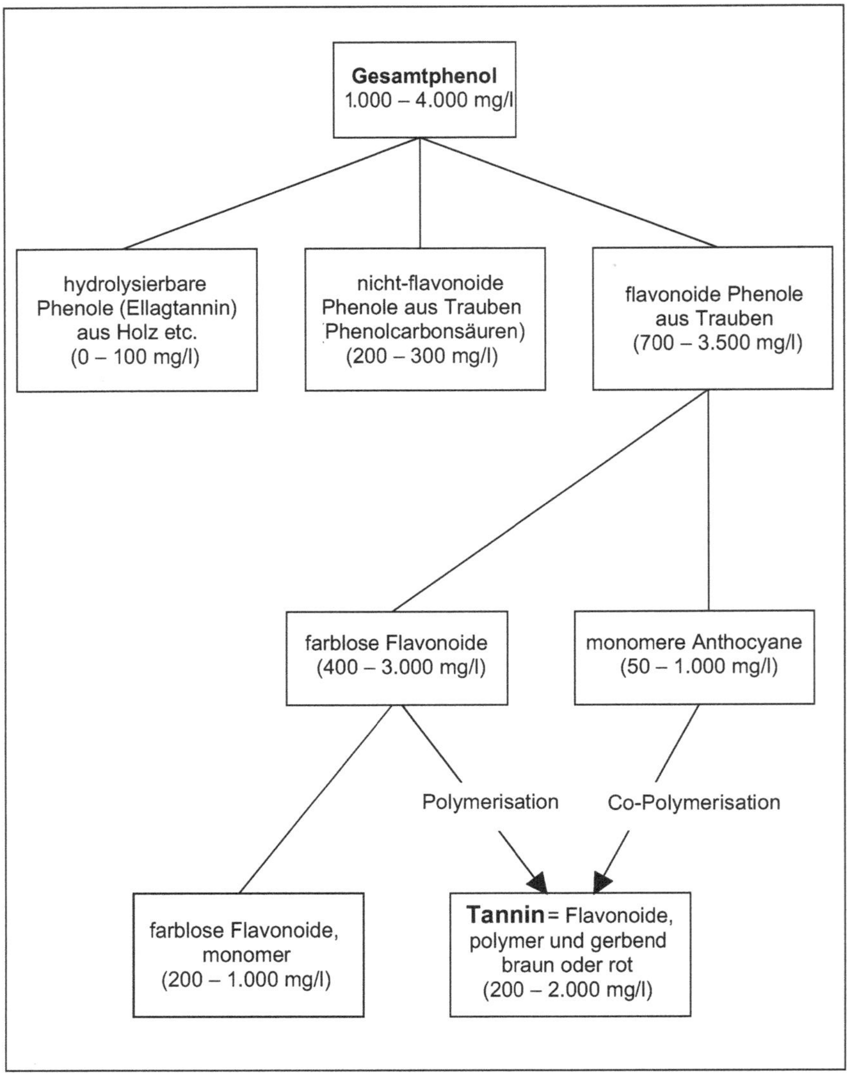

10.3 Phenolspektrum ist sortenspezifisch

Aus einer Erhebung (152) derart ermittelter Phenolspektren gängiger Rotweine im ersten Jahr nach ihrer Ernte konnte gezeigt werden, dass sie für Rebsorten charakteristisch sind. Sie erklären zusätzliche sensorische Eigenschaften, die teilweise empirisch bekannt sind und aus dem Gesamtphenolgehalt allein nicht hervorgehen. Tab. 9 zeigt, dass Blauer Portugieser, Blauer Spätburgunder und Dornfelder unterschiedliche Weintypen repräsentieren. Die absoluten Werte, in den 1990er Jahren in Rheinhessen ermittelt, sind in diesem Zusammenhang weniger wichtig als die Unterschiede.

	Blauer Portugieser	Blauer Spätburgunder	Dornfelder	alle Weine
Gesamtphenol (GP), mg/l	1.144 (772–1.396)	1.247 (620–2.120)	1.294 (1.100–1.440)	1.231 (620–2.120)
Anthocyane (A), mg/l	181 (74–309)	150 (101–203)	349 (157–532)	235 (74–532)
Gesamtphenol-Anthocyan-Verhältnis (GP:A)	8,1 (3,4–16,8)	9,9 (3,8–21,0)	4,9 (2,7–8,2)	7,1 (2,7–21,0)
Flavonoide, gesamt, mg/l	867 (487–1.192)	1038 (408–1.939)	907 (723–1.095)	930 (408–1.939)
gerbende Flavonoide, mg/l	396 (68–681)	503 (10–1.177)	400 (232–599)	427 (10–1.177)
monomere Flavonoide, mg/l	247 (150–325)	316 (132–675)	236 (170–305)	262 (132–675)
% gerbende Flavonoide von Gesamtphenol	33 (9–49)	29 (2–60)	30 (21–42)	31 (2–60)

Gesamtphenol und Flavonoide als Catechin, Anthocyane als Malvidin-3-glucosid

Tab. 9: Mittelwerte und Schwankungsbreiten phenolischer Fraktionen von 18 Rotweinen in Abhängigkeit von der Rebsorte (1997, Rheinhessen)

Der Blaue Spätburgunder zeigt die höchsten Schwankungsbreiten im Gesamtphenolgehalt und allen seinen Fraktionen, woraus sich die ausgesprochene Variabilität des Tannins dieser Rebsorte erklären lässt. Gleichzeitig sind bei dieser Sorte die Weine mit den höchsten Gehalten an Flavonoiden und dem höchsten Gesamtphenol-Anthocyan-Verhältnis zu finden. Wie später gezeigt wird, ergibt sich daraus eine der bekannten Schwierigkeiten beim Ausbau dieser Weine, besonders unter semi-oxidativen Bedingungen wie im Holzfass.

Der Dornfelder weist höchste Gehalte an Anthocyanen auf, die seine bekannte Farbintensität erklären. Die Variabilität seines Tannins ist geringer als die des Blauen Spätburgunders. Sein Gesamtphenol-Anthocyan-Verhältnis ist am stärksten zum Anthocyan hin verlagert. Dies erlaubt einen Ausbau unter relativ oxidativen Bedingungen. Der Blaue Portugieser hingegen nimmt bei fast allen Parametern eine Mittelstellung ohne Extreme ein. Daraus könnte ein Hinweis auf die besondere Eignung dieser Rebsorte zur Erzeugung von Standard-Rotweinen abgeleitet werden. Da analytische Parameter ohne Zusammenhang mit der Sensorik wenig dienlich sind, wurden die Weine von Tab. 9 einer sensorischen Auswertung mit Wiederholung unterzogen. Bemessen wurden die Parameter Adstringens, Bittere und Mundfülle anhand einer metrischen Skala, die Ergebnisse wurden mit den analytischen Daten korreliert. In den durchgeführten Korrelationsanalysen wurden nur signifikante Abhängigkeiten von stärker als 50 % berücksichtigt, entsprechend Korrelationskoeffizienten (r) von größer als ± 0,7. Tab. 10 fasst die Ergebnisse zusammen.

	Adstringens	Bittere	Mundfülle
Gesamtphenole	0,77	0,70	
Anthocyane			0,83
Flavonoide, gesamt	0,77	0,73	
monomere Flavonoide	0,82	0,70	
gerbende Flavonoide	0,77	0,72	

Tab. 10: Korrelationskoeffizienten (r) zwischen analytischen und sensorischen Parametern von Rotwein (nur r ≥ 0,70)

Gesamtphenol, gesamte Flavonoide, monomere Flavonoide und gerbende Flavonoide stehen in engem Zusammenhang mit Adstringens und Bittere als primäre geschmackliche Ausdrucksformen des Tannins, während die Anthocyane, obwohl als solche geschmackslos, ganz wesentlich zur Mundfülle beitragen (176). Die relativ einfache Bestimmung von Gesamtphenol liefert das bereits erläuterte Ausmaß an Information über die in einem Rotwein vorliegende Adstringens. Spezifischere Methoden, soweit sie dem Routinebetrieb der Betriebskontrolle zugänglich sind, bieten keinen wesentlichen Zugewinn an Information. Vereinfacht gesagt, wird die Adstringens in erster Linie durch die Konzentration des Tannin-Anthocyan-Komplexes bestimmt, aber nicht vollständig erklärt.

10.4 Bedeutung der Polymerisation

Qualitative Unterschiede in der chemischen Zusammensetzung bewirken, dass sich eine gegebene Menge Tannin im Mund unterschiedlich mitteilt. Eine der Ursachen ist seine Polymerisation. Bekanntlich setzt sich das Tannin aus miteinander polymerisierten Grundeinheiten flavonoider Phenole wie Catechin, Epicatechin, Anthocyane usw. zusammen. Verbleibende monomere Moleküle vervollständigen das Bild. Die bekannteste Folge der Polymerisation ist der graduelle Verlust monomerer Anthocyane, die mit Tanninmolekülen zu farbintensiveren, SO_2-stabilen Pigmenten polymerer Natur reagieren (24, 25, 51, 52, 59, 121, 177).

Wenn man bedenkt, dass die Anzahl der Grundeinheiten in einem Molekül, d. h. der Polymerisationsgrad, zwischen zwei und 15 schwanken kann und weiterhin die Vielfalt unterschiedlicher Grundbausteine und Bindungsformen in Betracht zieht, ergibt sich die unübersichtliche Vielfalt von Molekülstrukturen, die am Tannin eines Rotweins beteiligt sein können. Daraus erklärt sich die außerordentliche stoffliche und sensorische Heterogenität des Tannins. Sie entzieht sich einer konklusiven analytischen Beschreibung.

Eine direkte Abhängigkeit der Adstringens vom Polymerisationsgrad ist seit langem bekannt. Dies ist insofern einleuchtend, als sich die Adstringens des Tannins aus seiner Fähigkeit zur Fällung von Eiweißen, im sensorischen Sinn denen des Speichels, ergibt. Große Moleküle hoch polymerisierten Tannins sind dazu ebenso wenig in der Lage wie ihre monomeren Grundbausteine. Eine maximale Adstringens wird Tanninen mittleren Polymerisationsgrades zugeschrieben (64). Doch inwiefern sind diese Verhältnisse auf Rotweine zu übertragen?

Während der Lagerung von Rotwein tendiert das Tannin zur Polymerisation unter Ausbildung zunehmend längerer Molekülketten. Anthocyane schränken das Wachstum dieser Moleküle ein (siehe Kapitel 9.3). Zerbrechen der Molekülketten und eine strukturelle Neuordnung der entstandenen Bruchstücke (25, 29, 200) verkomplizieren die zu Grunde liegende Chemie und verdeutlichen die dem Tannin innewohnende Dynamik; sie tun der Tendenz zu zunehmenden Polymerisationsgraden jedoch keinen Abbruch. Dies entspricht einer chemischen Alterung. Für Früchte (64, 75), tanninhaltige Weißweine (2, 139), Apfelweine (84, 85) und wässrige Lösungen (34) ergibt sich dabei stets eine Intensivierung der Adstringens in dem Maß, wie das Tannin polymerisiert.

Im Gegensatz zu diesen Anthocyan-freien Medien sind in Rotweinen die Zusammenhänge zwischen Polymerisationsgrad und Adstringens weitaus komplexer. In vielen Rotweinen tritt mit zunehmender Polymerisation eine Minderung der Adstringens unter Betonung der Mundfülle auf. Die klassische Önologie erklärte die Polymerisation sogar zur Grundlage der Reifung großer Rotweine. Daraus erklärt sich die Vielfalt technischer Maßnahmen, die Polymerisation mittels aktiver oder passiver Zufuhr von Sauerstoff in den verschiedenen Phasen des Ausbaus zu beschleunigen. Die traditionelle Lagerung in Holz, ein grundsätzlich oxidativerer Ausbau als bei Weißwein, aber auch Mikro- und Makrooxygenierung sind die dazu eingesetzten Instrumente.

Doch nicht alle Rotweine folgen dieser Regel (110). Widersprüchliche Ergebnisse mit der neueren Technologie der Mikrooxygenierung und des Ausbaus in altem oder neuem Holz belegen die Komplexität der beteiligten Reaktionen. Ursache ist nicht nur die Menge des zugeführten Sauerstoffs, sondern auch Konzentration und Zusammensetzung des Tannin-Anthocyan-Komplexes sowie der momentane Zustand des Weins.

10.5 Tannin-Anthocyan-Verhältnis kontrolliert Alterung

Rotweinen spricht man ein um so besseres Alterungspotenzial zu, je mehr Tannin sie aufweisen. Alterung ist, in Abhängigkeit von der Dichtigkeit des Flaschenverschlusses, ein mehr oder weniger oxidativer Prozess. Abb. 31 zeigt das Ergebnis einer sensorischen Auswertung verschiedener Rotweine, denen jeweils 0, 10 und 20 mg/l Sauerstoff über einen Zeitraum von drei Monaten zugeführt wurde. Es wurden sowohl geruchliche (Buntfrüchte, trockene Kräuter usw.) als auch geschmackliche (Adstringens, Bittere, Mundfülle) Parameter berücksichtig. Das Ausmaß der Unterschiede zwischen den Sauerstoff-Varianten eines Weins wurde mittels eines mathematischen Verfahrens als Summe der relativen Standardabweichungen aller Parameter errechnet und als Sauerstoff-Sensibilität ausgedrückt.

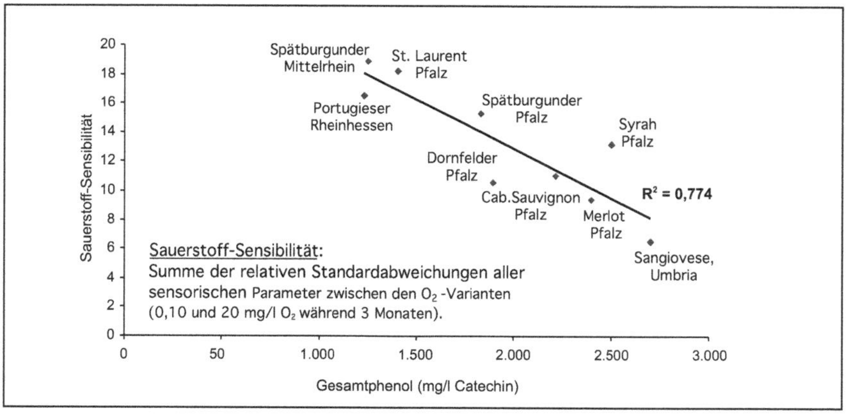

Abb. 31: Mikrooxygenierung von Rotweinen: Zusammenhang zwischen Gesamtphenolgehalt und Sauerstoff-Sensibilität

Es bestätigt sich ein enger Zusammenhang zwischen dem Gesamtphenolgehalt und dem Ausmaß der sensorischen Veränderungen, die eine gegebene Sauerstoffaufnahme hervorruft. Die Ansprüche an Reife, Sauerstoffzufuhr und die Fähigkeit zur positiven Alterung werden in erster Näherung durch die Summe von Tannin und Anthocyan vorgegeben, wie sie durch den Gesamtphenolgehalt ermittelt wird. Je geringer dieser Wert, desto empfindlicher sprechen die Weine auf Sauerstoff an und umso weniger benötigen und vertragen sie davon bei ihrem Ausbau.

Diese Regel ist jedoch recht oberflächlich und wird durch das Tannin-Anthocyan-Verhältnis weiter differenziert. So ist bekannt, dass auch ein tanninreicher Rotwein während der Lagerung rasch bitter, firn und braunstichig werden kann, wenn er nur wenig Farbe aufweist. Die Anthocyane, die für die Farbe des jungen Rotweins verantwortlich sind, haben einen zusätzlichen Einfluss auf seine Entwicklung. Im übertragenen Sinn schlägt sich die Veranlagung zur positiven oder negativen Alterung besonders während des Ausbaus in Holz nieder. Von einem solchen semi-oxidativen Ausbau erwartet man weithin eine geschmackliche Rundung unter Minderung der Adstringens.

Erweitert man die Ermittlung des Gesamtphenolgehalts um die ebenso einfache, summarische Bestimmung des Anthocyangehalts (59, 177) und setzt die beiden Werte ins Verhältnis, erhält man eine wertvolle Information über den Anteil der Anthocyane am Gesamtphenol oder, anders ausgedrückt, über das Tannin-Anthocyan-Verhältnis. Wichtig zur Ermittlung, Interpretation und Vergleichbarkeit eines derart ermittelten Verhältnisses ist die Verwendung einheitlicher und definierter Referenzsubstanzen. Unterschiedliche analytische Ansätze sind möglich und finden teilweise Anwendung in der Betriebskontrolle. In den folgenden Ausführungen und Beispielen wurde der Gesamtphenolgehalt als Catechin und der Anthocyangehalt als Malvidin-3-glucosid bestimmt. Deren Quotient dient als Index für das Tannin-Anthocyan-Verhältnis.

Abb. 32 zeigt die Veränderung der Adstringens zweier verschiedener Rotweine, denen wiederum 0, 10 und 20 mg/l Sauerstoff über einen Zeitraum von einem Monat zugeführt wurde. Der wesentliche Unterschied zwischen den Weinen besteht im Gesamtphenol-Anthocyan-Verhältnis. Bei vergleichbarem Tanningehalt ist dieses im Dornfelder um ein Vielfaches niedriger als beim Portugieser. Während die Sauerstoffaufnahme beim Portugieser zu einer deutlichen Verstärkung der Adstringens führt, bleibt sie beim Dornfelder ohne signifikanten Einfluss. Widersprüchliche Ergebnisse mit der Mikrooxygenierung werden so verständlich.

Abb. 32: Einfluss des Gesamtphenol-Anthocyan-Verhältnisses auf die Veränderung der Adstringens bei Sauerstoffaufnahme

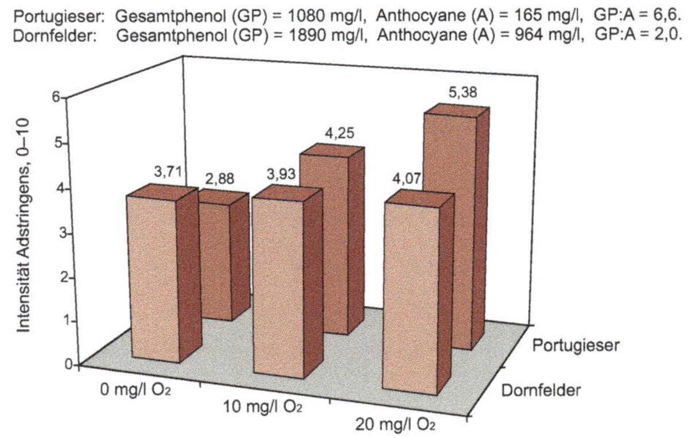

Nach dem Gesamtphenolgehalt ist das Gesamtphenol-Anthocyan-Verhältnis die zweite analytische Kennzahl, die über die Art des Ausbaus – reduktiv oder oxidativ – entscheidet. Die Erklärung liegt in der Art der Polymerisation, die durch einen oxidativen Ausbau zusätzlich gefördert wird (51, 52, 58, 60, 134). Sie führt zu Reaktionen zwischen:

- Tanninmolekülen untereinander (T-T),
- Anthocyanmolekülen untereinander (A-A),
- Tannin- und Anthocyanmolekülen (T-A).

Je nach Lage des Tannin-Anthocyan-Verhältnisses steht die eine oder andere der drei Reaktionen im Vordergrund. Zum besseren Verständnis teilt man das Tannin-Anthocyan-Verhältnis in drei Gruppen ein, zwischen denen die Übergänge fließend sind:

- Der Wein hat viel Tannin und wenig Anthocyan. Das Verhältnis ist einseitig zum Tannin hin verlagert, der Anthocyangehalt beträgt weniger als 10 % des Gesamtphenolgehalts. Die Tanninmoleküle polymerisieren bevorzugt untereinander (T-T). In das entstehende Polymerisat werden nur wenig Anthocyane eingelagert. Ihr Mangel erlaubt dem Tannin, unkontrolliert hohe Polymerisationsgrade zu erreichen, bis es im Extremfall seine Löslichkeit einbüßt und als braune Partikel ausfällt (171). Unter semi-oxidativen Bedingungen wie im Holzfass tendiert der Wein zur Bräunung, Verstärkung der Adstringens und Altersfirne in der Nase. Solchen Weinen kommt ein eher reduktiver Ausbau entgegen. Viele maischevergorene Blaue Spätburgunder fallen in diese Gruppe. Konzepte zum Ausbau dieser Rebsorte, die in anderen Ländern erfolgreich angewendet werden, können aufgrund andersartiger Rohware (Terroir-Einflüsse) nicht unbedingt auf die eigenen Bedingungen übertragen werden.

- Der Wein hat wenig Tannin und viel Anthocyan. Das Verhältnis ist einseitig zum Anthocyan hin verschoben; der Anthocyangehalt beträgt über die Hälfte des Gesamtphenolgehalts. Bevorzugt polymerisieren Anthocyanmoleküle untereinander (A-A). Das Tannin als solches erreicht nur geringe Polymerisationsgrade; seine Adstringens bleibt beschränkt. Durch Anthocyane wird es stabilisiert (171). Besonders maischeerhitzte Rotweine farbintensiver Rebsorten fallen in diese Gruppe. Solchen Weinen kommt ein oxidativer Ausbau am meisten entgegen. Sie vertragen viel Sauerstoff, ohne oxidativ zu werden. Trotzdem sind sie für den Ausbau unter den semi-oxidativen Bedingungen des Barriques nur bedingt geeignet (155). Im jungen Stadium können sie zwar eine betonte Mundfülle aufweisen, bilden aber mangels Tannin nie eine bleibende Struktur aus.

- Der Wein weist ein harmonisches Tannin-Anthocyan-Verhältnis auf. Der Anthocyangehalt beträgt 10–30 % des Gesamtphenolgehalts. Die Polymerisation verläuft harmonisch unter bevorzugter Ausbildung tiefdunkler und stabiler Tannin-Anthocyan-Komplexe (T-A). Unter der Voraussetzung eines genügend hohen Gesamtphenolgehalts von über 2.000 mg/l gewinnen solche Weine stets durch einen moderat oxidativen Ausbau und eignen sich besonders für die Lagerung im Barrique (60). Auf der Flasche entwickeln sie sich während vieler Jahre dem Höhepunkt entgegen.

In jedem Land werden unterschiedlichste Rotweintypen erzeugt, die das gesamte Spektrum des möglichen Tannin-Anthocyan-Verhältnisses abdecken. Rebsorte, physiologische Reife und Vinifikationsverfahren haben darauf einen ganz entscheidenden Einfluss. Solange dieses nicht berücksichtigt wird, bleibt die Diskussion über den geeigneten Ausbau gegenstandslos und bestenfalls das Objekt eines glaubenspolitischen Credos. Pauschale Rezepturen sind stets fehl am Platze.

11 Tannin- und Redoxmanagement in Rotwein

11.1 Sauerstoff verändert Tannin

Wie gezeigt wurde, ist das Tannin der Rotweine keine statische Größe. Es verändert sich während der Lagerung mit sensorischen Konsequenzen, die positiv oder negativ gewertet werden. Die wesentlichen Ursachen sind seine Oxidation und Polymerisation. In diese Vorgänge kann man mit önologischen Stilmitteln eingreifen, die man als Tanninmanagement beschreibt. Entsprechende Maßnahmen umfassen die qualitative Veränderung des Tannins durch Förderung oder Hemmung natürlich ablaufender Reaktionen, Zusatz exogener Tannine oder eine Minderung des Tannins durch Ausfällung mit eiweißähnlichen Schönungsmitteln.

Reaktionen von Oxidation und Reduktion spielen im Tanninmanagement eine herausragende Rolle. Im Gegensatz zu Weißweinen können Rotweine durch eine moderate Sauerstoffaufnahme positiv geprägt werden. Seit dem Aufkommen der Mikrooxygenierung gewann diese Möglichkeit eine neue Aktualität. Da die erforderliche technische Ausstattung in den wenigsten Fällen gegeben ist, wird sie häufig durch eine schlecht verstandene Makrooxygenierung ersetzt – was überoxidierte Rotweine zur Folge hat. Doch Sauerstoffeintrag und Oxygenierung gehen nicht zwangsläufig mit Oxidation einher. Damit stellt sich die Frage nach der idealen Sauerstoffversorgung der Weine, sei es passiv durch Lagerung in Holz oder aktiv wie durch belüftendes Umpumpen, sowie nach dem Zeitpunkt des Aufschwefelns und der SO_2-Menge. Das handwerklich beherrschte Ausbalancieren von Oxidation und Reduktion in Abhängigkeit vom einzelnen Wein bezeichnet man als Redoxmanagement. Es ist wesentlichster Bestandteil des Tanninmanagements.

Die durch die Aufnahme von Sauerstoff in Rotwein ausgelösten Reaktionen sind in Abb. 33 schematisch dargestellt. Tannin ist der primäre Sauerstoffakzeptor, während schweflige Säure und weitere Inhaltsstoffe nur einen untergeordneten Anteil des während der Lagerung aufgenommen Sauerstoffs konsumieren. Wichtig ist in diesem Zusammenhang die Bildung geringer Mengen von Acetaldehyd durch Oxidation von Ethanol (198).

Die Oxidation der molekularen Grundbausteine des Tannins, der flavonoiden Phenole, führt zu den entsprechenden Chinonen, die sich in der Folge zu größeren Moleküleinheiten veränderter Adstringens zusammenlagern. Bei diesem Prozess der Polymerisation wird der oxidierte Zustand aufgehoben und der phenolische Grundzustand des Tannins wiederhergestellt. Damit kann es erneut mit Sauerstoff reagieren, ohne dass diese Fähigkeit einen festen Endpunkt erreicht (170).

Da diese Art der Polymerisation die durch Oxidation verlorengegangenen phenolischen Hydroxylgruppen erneut herstellt, spricht man von regenerativer Polymerisation. Sie ist die bisher einzige in der Chemie bekannte Reaktion, bei der eine Oxidation ohne Einwirkung eines Reduktionsmittels wieder rückgängig gemacht wird. Sie erklärt, warum die schweflige Säure als Reduktionsmittel in Rotwein eine geringere Rolle als in Weißwein spielt.

Damit zwei Moleküle miteinander polymerisieren können, müssen sie nach den Gesetzen des Zufalls im dreidimensionalen Raum zusammentreffen. Die geringen Phenolkonzentrationen in Weißwein verringern eine solche Wahrscheinlichkeit, so dass dort die regenerative Polymerisation ihre Bedeutung als Oxidationsschutz einbüßt. Das Tannin wirkt nur im Rotwein antioxidativ, während es in Weißweinen zu entgegengesetzten Effekten führt (siehe Kapitel 1.2.2).

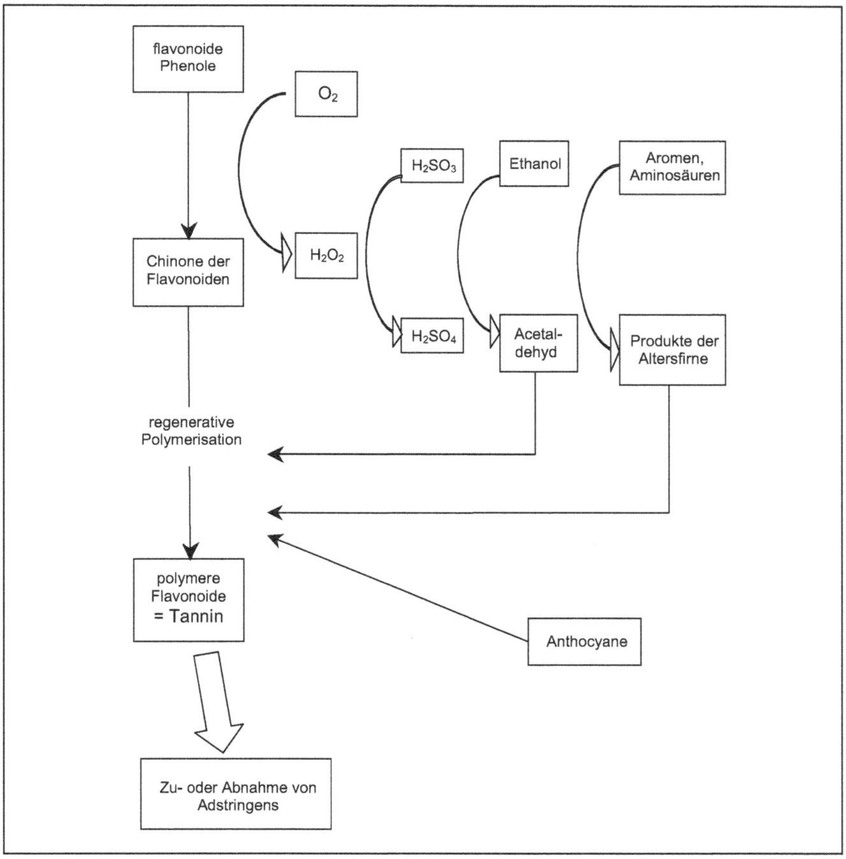

Abb. 33: Sauerstoffaufnahme in Rotwein. Oxidation des Tannins und Folgereaktionen

Die Polymerisation läuft grundsätzlich auch ohne Zutritt von Sauerstoff ab, wird durch solchen aber erheblich beschleunigt. Ursache ist die durch die Sauerstoffaufnahme ausgelöste Bildung von Acetaldehyd. Er fungiert als sogenannte Ethyl-Brücke zwischen zwei Molekülen flavonoider Phenole, zum Beispiel einem Anthocyan und einem farblosen Catechin oder sogar zwischen komplexen Tanninmolekülen. Es entstehen tiefdunkle Farbpigmente, die, im Gegensatz zu den monomeren Anthocyanen, gegenüber der ausbleichenden Wirkung der schwefligen Säure geschützt sind (183). Auch andere Aldehyde können an die Stelle des Acetaldehyds treten.

Wichtig ist in diesem Zusammenhang, dass der Acetaldehyd nicht im Wein akkumuliert, sondern allmählich durch Bindung an das Tannin verschwindet. Deshalb spielt er als Bindungspartner für SO_2 eine geringe Rolle im Rotwein.

Die französische Schule der Önologie stellt die Bedeutung von Sauerstoff, intermediärem Acetaldehyd und der sich daraus ergebenden Ethyl-Brücke für den Ausbau der Rotweine in den Vordergrund (60, 120, 121, 125, 172). Aus diesem Verständnis heraus leitet sich die Technik der Mikrooxygenierung ab. Die australische Schule hingegen postuliert die Möglichkeit einer Reifung ohne Sauerstoff und sieht die Bedeutung intermediär gebildeten Acetaldehyds als nicht essenziell (179).

Über die tatsächliche Bedeutung des Sauerstoffs wird erst in einigen Jahren vollständige Klarheit bestehen. Fest steht aber schon jetzt, dass auch unter normalen Ausbaubedingungen stets mehr oder weniger große Mengen Sauerstoffs umgesetzt werden, die zu teilweise widersprüchlichen sensorischen Ergebnissen führen.

Tab. 11: Methoden aktiver Sauerstoffzufuhr, Vor- und Nachteile der Verfahren

Verfahren	Wirkung
Abstich/Umpumpen über Luft	einmalige, hohe O_2-Aufnahme beim Ablassen über offenen Zwischenbehälter; einmalige, geringe O_2-Aufnahme bei Befüllung von oben durch CO_2-Entbindung beim 1. Abzug; einmalige, hohe O_2-Aufnahme bei allen weiteren Umlagerungen durch Befüllung von oben; sensorisches Ergebnis teilweise kontrollierbar;
Ansaugen von Luft über Ansaugstutzen der Pumpe	einmalige, variable und eher hohe O_2-Aufnahme, schwer zu regulieren; sensorisches Ergebnis nicht kontrollierbar;
Ansaugen von Luft durch halbporöses Sinterrohr saugseitig	einmalige, variable und eher hohe O_2-Aufnahme, schwer zu regulieren; sensorisches Ergebnis schwer kontrollierbar;
Flotationsanlage	einmalige, sehr hohe O_2-Aufnahme; sensorisches Ergebnis meist negativ;
Mikrooxygenierung mit reinem O_2 durch Impulsbegasung über Fritte oder permeable Silikonschläuche	variabel, praktisch kontinuierlich, Dosage (mg/Monat) exakt einstellbar; durch Sensorik zu kontrollieren;
kontrolliertes Hohlliegenlassen	variable, kontinuierliche O_2-Aufnahme, eventuell durch Rühren zu unterstützen, aus mikrobiologischen Gründen nur bei unter 12° C; durch Sensorik täglich zu kontrollieren;
Holzfass, Barrique	variable, kontinuierliche O_2 -Aufnahme durch Holzporen und Kopfraum, ideal für robuste Weine; durch Sensorik zu kontrollieren;
Tanks aus gasdurchlässigem Kunststoff (PE)	vorgegebene, kontinuierliche O_2-Zufuhr; durch Sensorik zu kontrollieren

Die durchschnittliche Sauerstoffaufnahme bei gängigen kellertechnischen Behandlungsmaßnahmen und verschiedenen Varianten der Lagerung ist in Tab. 3 (siehe Kapitel 2.1.) dargestellt. Vor- und Nachteile kellertechnisch gebräuchlicher Methoden aktiver Sauerstoffzufuhr ergeben sich aus Tab. 11.

Bei der Reaktion des Sauerstoffs mit der phenolischen Grundsubstanz des Tannins ergeben sich die bereits aus Kapitel 3.3 bekannten Peroxide als Nebenprodukt, in Abb. 33 als H_2O_2 dargestellt. Diese können zu Aromaschäden führen, wenn sie in Folge zu starker Sauerstoffaufnahme kurzfristig im Wein akkumulieren. Ihr Abbau erfolgt auf drei Wegen:

- Durch schweflige Säure, wobei diese zu Sulfat oxidiert und verbraucht wird,

- Durch Alkohol, wobei dieser zu Acetaldehyd oxidiert, der seinerseits in das polymerisierende Tannin eingebunden und verbraucht wird,

- Durch Aromastoffe, Aminosäuren und weitere Inhaltsstoffe, deren Oxidation zu jenen Produkten führt, die geruchlich als Altersfirne wahrgenommen werden; auch diese lagern sich ebenso wie Acetaldehyd und Anthocane teilweise an das Tannin an.

Die Fähigkeit der Rotweine, relativ große Mengen von Sauerstoff ohne Ausbildung von Firne und anderen Aromaschäden umsetzen zu können, begründet sich auch in den Eigenschaften des Tannins, solche geruchlich aktiven Oxidationsprodukte binden zu können.

Unter technischen und handwerklichen Aspekten bestehen die Aufgaben des Sauerstoffs im Rotwein in einer Reifung des Tannins, einer Komplexierung der Aromatik und, im Fall von Barriqueweinen, im Aufbau der Eichenaromatik (155). Dabei bleibt zunächst offen, was unter Reifung und Komplexierung zu verstehen ist. Das sensorische Ergebnis ist abhängig davon, mit welchen Weininhaltsstoffen der Sauerstoff reagiert.

11.2 Die Feinhefe beim Ausbau der Rotweine

Abb. 34 zeigt am Beispiel eines unfiltrierten Rotweins durchschnittlicher Zusammensetzung, dass verschiedene Inhaltsstoffe in unterschiedlichem Ausmaß an dem

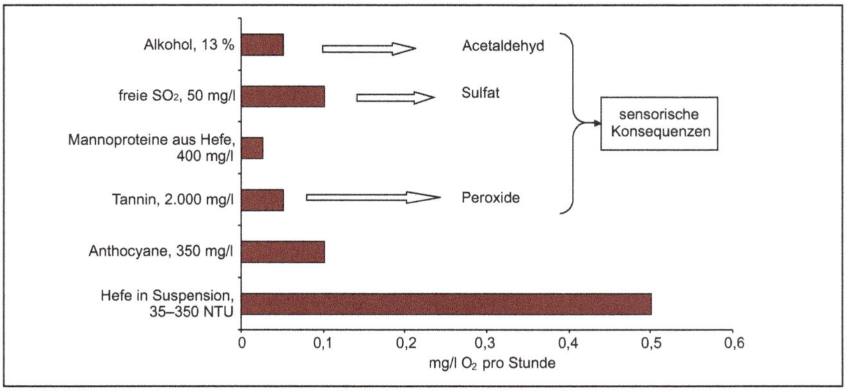

Abb 34: Sauerstoffzehrung verschiedener Inhaltsstoffe unfiltrierter Rotweine

aufgenommenen Sauerstoff partizipieren. Schweflige Säure spielt in diesem Zusammenhang eine untergeordnete Rolle als Reduktionsmittel. Anthocyane und insbesondere Feinhefe binden Sauerstoff am schnellsten ohne sensorische Konsequenzen, wodurch sie das Tannin vor Oxidation schützen. Dieses Verhalten der Hefe nach der Gärung ist bereits von Kapitel 4.2 bekannt.

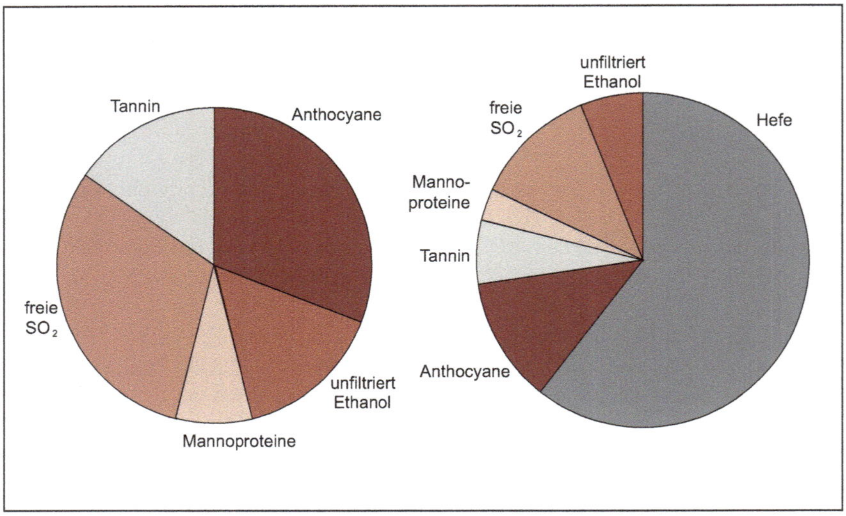

Abb. 35: Einfluss der Filtration auf die Reaktionen des Sauerstoffs mit den Inhaltsstoffen des Rotweins

Abb. 35 verdeutlicht, wie die Filtration die Verteilung des Sauerstoffs auf die unterschiedlichen Weininhaltsstoffe beeinflusst. In unfiltrierten Rotweinen wird über die Hälfte des Sauerstoffs durch die Feinhefe schadlos verarbeitet. Sie schützt den Wein vor Oxidation. Entfällt der reduzierende Effekt der Feinhefe nach der Filtration, reagiert entsprechend mehr Sauerstoff mit Tannin, SO_2 und Anthocyanen. Filtrierte Rotweine reagieren ungleich empfindlicher auf Sauerstoff als trübe Jungweine. Sie reifen schneller und anders. Dieser Unterschied ist für die praktische Kellerarbeit von herausragender Bedeutung.

11.3 Oxygenierung im reduktiven Milieu

In einer Reihe von Experimenten wurden die sensorischen Konsequenzen unterschiedlicher Sauerstoffaufnahme in Abhängigkeit von Rotweintyp, schwefliger Säure und anderen önologischen Faktoren nach Einstellung eines vergleichbaren Gehalts von 30 mg/l freier SO_2 durch trainierte Verkoster ausgewertet. Dabei stehen Adstringens und Bitterkeit für die geschmacklichen Parameter, während das Aromaprofil auf die Attribute „Buntfrüchte“ und „trockene Kräuter“ verdichtet wurde. Trockene Kräuter repräsentieren oxidative Alterung und Firne in der Nase, Buntfrüchte stehen für das sortenspezifische Primäraroma. Zur vereinfachten Wiedergabe werden die Ergebnisse in Prozent vom Mittelwert dargestellt.

Abb. 36 zeigt den Einfluss von schwefliger Säure auf die sensorischen Folgen der Oxygenierung eines Blauen Portugiesers geringen Gesamtphenolgehalts, dem insgesamt 17 mg/l O_2 nach der Filtration zugeführt wurden. Der Wein steht stellvertretend für einen leichten Rotwein geringen Gesamtphenol- und Anthocyangehalts. Gegenüber der sauerstofffrei gelagerten Variante führte die Oxygenierung, sei es

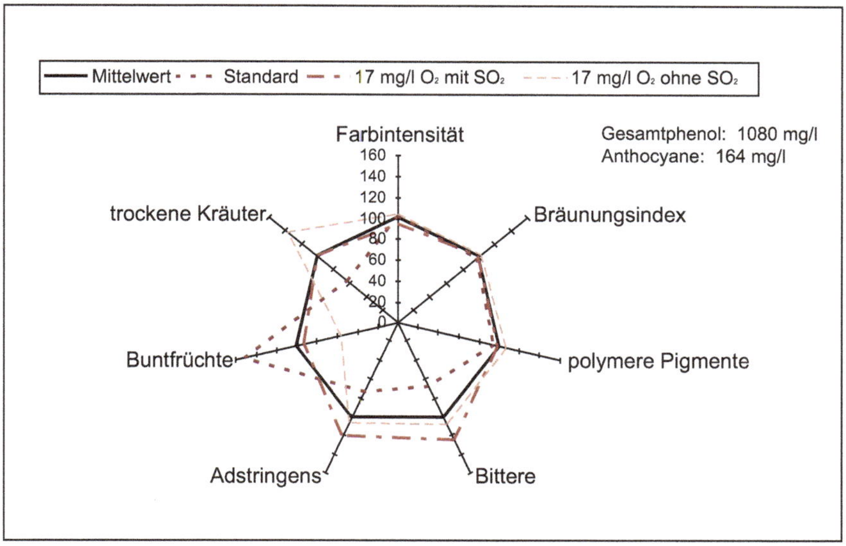

Abb. 36: Einfluss von SO_2 auf die Oxidation (2 x 8,5 mg/l O_2) bei Blauem Portugieser

mit oder ohne SO_2, zu einer signifikanten Intensivierung von Bitterkeit, Adstringens und trockenen Kräutern unter starker Minderung von Buntfrüchten. Die durch die Sauerstoffaufnahme hervorgerufenen negativen Veränderungen in der Aromatik waren in Anwesenheit von freier SO_2 deutlich geringer. Die wesentlichste Aufgabe der schwefligen Säure besteht hier darin, die bei der Oxidation des Tannins entstehenden Peroxide abzufangen, die andernfalls der Aromatik abträglich werden.

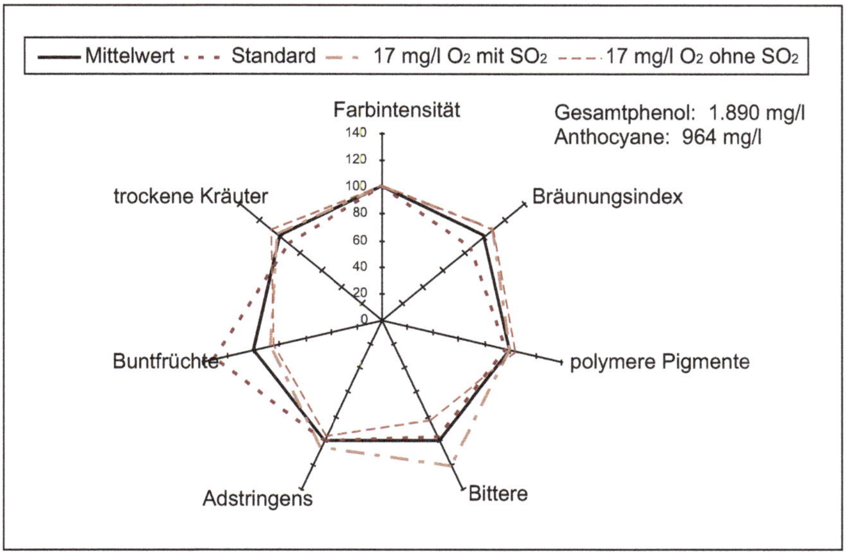

Abb. 37: Einfluss von SO_2 auf die Oxidation (2 x 8,5 mg/l O_2) von Dornfelder

Abb. 37 zeigt die Resultate des gleichen Experiments mit einem Dornfelder als Vertreter kräftiger Rotweine mit hohem Gesamtphenol- und Anthocyangehalt. Die Oxygenierung führte zu deutlich geringeren aromatischen Veränderungen, die durch die gleichzeitige Anwesenheit von SO_2 nicht wesentlich beeinflusst wurden. Effekte der Oxygenierung auf die Adstringens blieben aus. Der hohe Phenolgehalt schützte den Wein vor den negativen Folgen der Oxidation, wobei sich die Bedeutung der SO_2 als Reduktionsmittel deutlich verringerte (121, 139,192).

Es wird offensichtlich, dass Rotwein nicht gleich Rotwein ist. Der Gesamtphenolgehalt, das Tannin-Anthocyan-Verhältnis, schweflige Säure und Feinhefe sind die zentralen Parameter, welche über Möglichkeiten und Grenzen des oxidativen Ausbaus entscheiden. Filtrierte Rotweine sollten vor einer Sauerstoffaufnahme, wie sie zum Beispiel durch ein belüftendes Umpumpen oder im Holzfass eintritt, bereits zumindest eine geringe Menge freier schwefliger Säure enthalten. Ihre Aufgabe besteht im Abfangen intermediärer Peroxide, deren Akkumulation zu Lasten des Fruchtaromas geht. Die kontrollierte Zufuhr von Sauerstoff zum geschwefelten Wein entspricht dem Lehrsatz des oxidativen Ausbaus im reduktiven Milieu. Nur im jungen Rotwein kann die schweflige Säure fallweise durch hohe Gehalte von Anthocyanen und suspendierter Feinhefe ersetzt werden. Rotweine mit geringem Gesamtphenol- und Anthocyangehalt vertragen nicht mehr Sauerstoff, als sie während Abstich, Ausbau und Filtration unvermeidbar aufnehmen.

11.4 Zeitpunkt des Aufschwefelns

In diesem Zusammenhang spielt auch der Zeitpunkt des ersten Aufschwefelns der Jungweine eine Rolle. Abb. 38 stellt die Ergebnisse eines Blauen Spätburgunders als Vertreter oxidationsempfindlicher Rotweine dar, der nach der Filtration zu unterschiedlichen Zeitpunkten aufgeschwefelt (60 mg/l SO_2) und unter experimentellen Bedingungen ohne bzw. mit einer praktisch unvermeidbaren Menge (8 mg/l) Sauerstoff ausgebaut wurde.

Abb. 38: Einfluss von Schwefelungszeitpunkt und Belüftung auf Spätburgunder

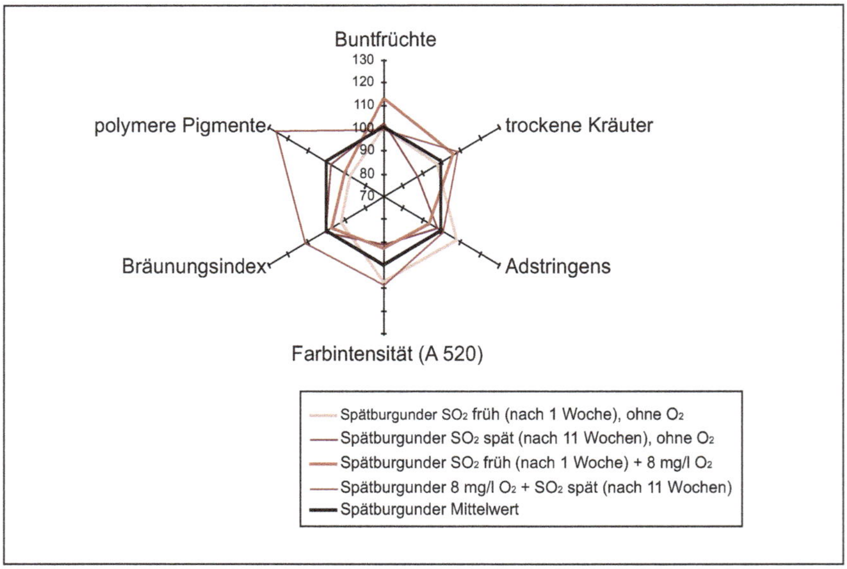

Die späte Schwefelung nach vorgehender Sauerstoffaufnahme optimierte zwar die Farbe, führte aber zu stärksten Aromaschäden. Frühe Schwefelung und Ausbau unter völlig inerten Bedingungen ohne Sauerstoff ergab die aromatisch verschlossensten Weine. Die frühe Schwefelung in Verbindung mit einem nachfolgenden Sauerstoffeintrag gängiger Größenordnung ergab die höchste Intensität für Buntfrüchte bei geringsten Werten für Adstringens und Farbe. Sie entspricht traditioneller handwerklicher Vorgehensweise und lehnt sich an das Prinzip des oxidativen Ausbaus im reduktiven Milieu an. Dabei führen die Erhaltung des Fruchtaromas und die Stabilisierung der Farbe zu einem Interessenkonflikt, den es abzuwägen gilt.

Der ideale Zeitpunkt zum Aufschwefeln junger Rotweine ergibt sich aus dem Verständnis komplexer Zusammenhänge und erfordert viel Erfahrung (80, 120, 121, 155, 192). Zu frühes Aufschwefeln ergibt bleibende Farbverluste, weil die Bildung farbstabiler Pigmente unterbunden wird. Anthocyane werden in ihrem monomeren Zustand konserviert, in dem sie durch SO_2 ausgebleicht werden. Andererseits ist die Grenze des oxidativen Ausbaus ohne SO_2 dann erreicht, wenn das Aroma deutliche Noten nach trockenen Kräutern aufweist. Sie sind der Hinweis auf den Beginn irreversibler Aromaschäden durch intermediäre Peroxide, die durch eine nachfolgende Schwefelung nicht mehr völlig behoben werden können. Sie stellen sich vor einer sichtbaren Bräunung ein.

Die Herstellung und Abfüllung SO_2-freier Rotweine unterliegt sinngemäß gleichen Kriterien. Einerseits können Rotweine oxidativer ausgebaut werden und vertragen mehr Sauerstoff als Weißweine. Andererseits jedoch sind die klassischen Methoden des Rotweinausbaus, die eine Sauerstoffaufnahme zur Reifung des Tannins beinhalten, nur beschränkt möglich, weil sie in Abwesenheit von schwefliger Säure allzu leicht zu einer Überoxidation führen. Zwangsläufig ergibt sich ein etwas anderer Weintyp.

11.5 Überoxidation durch Autokatalyse

Von entscheidender Bedeutung ist die Intensität der Sauerstoffzufuhr. Bezogen auf die gleiche Menge Sauerstoff von beispielsweise 10 mg/l ergibt es einen Unterschied, ob er in Form einer einmaligen intensiven Oxygenierung (1 x 10 mg/l, Makrooxygenierung) oder in zeitlich gestaffelten Teilmengen (10 x 1 mg/l, Mikrooxyge-

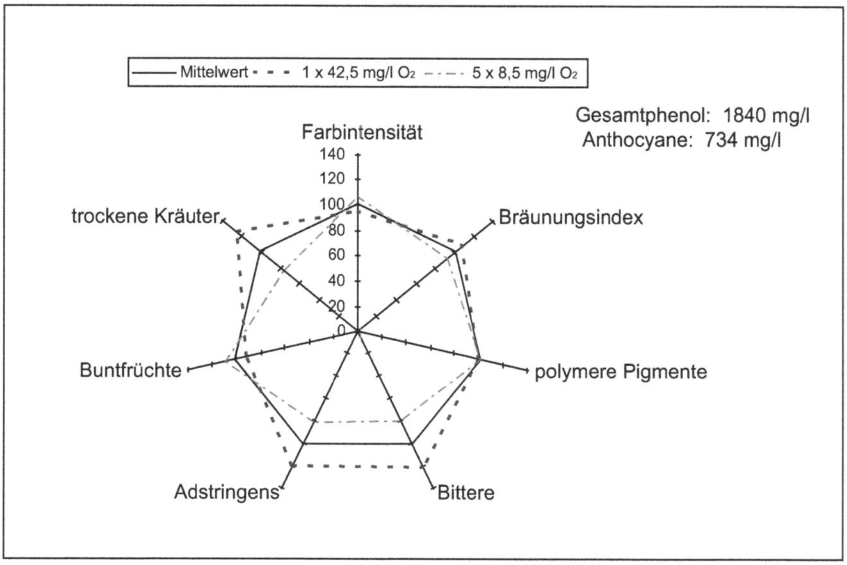

Abb. 39: Schnelle vs. langsame Sauerstoffzufuhr: Einfluss der Intensität der Oxidation bei Dornfelder

nierung) zugeführt wird. Das Prinzip der technisch ausgereiften Form der Mikrooxygenierung besteht sogar darin, den Sauerstoff in kontinuierlicher Weise langsamer zuzuführen, als er abgebunden wird. Damit wird ein Überschuss gelösten Sauerstoffs vermieden. Abb. 39 zeigt am Beispiel eines Dornfelders als Vertreter robuster Rotweine, dass die einmalige Dosage einer Gesamtmenge von 42,5 mg/l O_2 deutlich höhere Werte für trockene Kräuter, Adstringens, Bittere und Bräunung ergibt als die sukzessive Dosage der gleichen Menge in mehreren Teilen. Die Oxidation ist autokatalytisch: Sie beschleunigt sich von selbst, wenn Sauerstoff unbeschränkt verfügbar ist. Um das deutlich zu machen, wurde ein Rotwein mit Sauerstoff gesättigt (8,5 mg/l O_2) und die Zeit bis zum völligen Verschwinden des Sauerstoffs durch Bindung gemessen. Sofort danach wurde erneut mit Sauerstoff gesättigt und dieser Vorgang viermal wiederholt. Abb. 40 stellt dar, wie die Geschwindigkeit, mit der der Sauerstoff gebunden wird, mit zunehmender Anzahl aufeinander folgender Sättigungen exponentiell ansteigt. Nach der 4. Sättigung wies der Wein eine Sauerstoff-Bindungsgeschwindigkeit von 1,20 mg/l·h [in der Stunde] auf, wenn diese sofort nach vollständiger Umsetzung des Sauerstoffs aus der 3. Sättigung durchgeführt wurde. Erfolgte die 4. Sättigung jedoch vier Wochen später, lief die chemische Umsetzung des Sauerstoffs wieder mit der ursprünglichen Geschwindigkeit von 0,06 mg/l·h [in der Stunde] ab.

Eine Oxidation erleichtert nachfolgende Oxidationen. Die Neigung des Weins zur Oxidation steigt und die involvierten Reaktionen beschleunigen sich. Die Erklärung liegt in der der Oxidation nachlaufenden Polymerisation. Dabei werden die oxidierten Phenole, die Chinone, wieder in ihre ursprüngliche Phenolform zurückgeführt, die ihrerseits erneut Sauerstoff binden kann. Gleichzeitig werden ursprünglich nicht oxidierbare Phenole in den Pool oxidierbaren Substrates einbezogen. Solche Phenole, deren Oxidierbarkeit erst durch die Polymerisation hergestellt wird, weisen ein niedrigeres Redoxpotenzial auf, oxidieren schneller und beschleunigen so die Sauerstoff-Umsatzrate (170).

Abb. 40: Bindungsgeschwindigkeit (mg/l O_2/h) des Sauerstoffs nach aufeinander folgenden Sättigungen (8,5 mg/l O_2) bei Rotwein

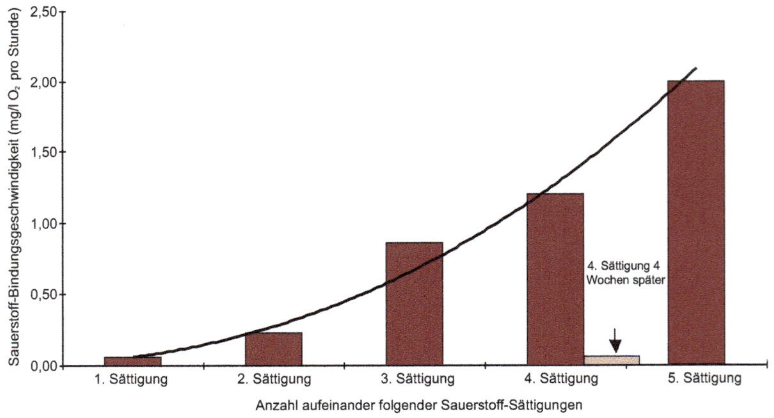

Vor dem Einbringen von Luft oder reinem Sauerstoff mittels einfacher Begasungseinheiten oder Fritten kann somit nur gewarnt werden. Statt im Bereich von mg/l können solche Geräte nur Gase im g/l-Bereich dosieren, wie es beim Auffrischen

mit Kohlensäure üblich ist. Die Folge wäre die systematische oxidative Zerstörung des Weins. Wer nicht über die Regeltechnik der professionellen Mikrooxygenierung verfügt, muss sich zur aktiven Sauerstoffzufuhr auf die klassischen, in den Tab. 3 und 11 genannten Möglichkeiten beschränken. Davon ist das Umpumpen über Luft trotz seiner Primitivität nicht immer die schlechteste. Unter aromatischen Aspekten vertragen Rotweine das belüftende Umpumpen schadlos, weil ihr Aroma weniger flüchtig als das der Weißweine ist und leichtflüchtige Gäraromen sogar unerwünscht sind.

Oxidationsschäden durch Autokatalyse stellen sich oft auch ein, wenn farbarme Rotweine filtriert und ungeschwefelt in Holz gelagert werden. Der erhöhte Sauerstoffeintrag kann mangels Feinhefe, SO_2 und Anthocyanen nicht neutralisiert werden. Verlust an Sortenaroma sowie ein hartes, schlecht integriertes Tannin sind die Folge und erfordern Reparaturen.

11.6 Ellagtannin schützt vor Oxidation

Die Anwesenheit von Ellagtannin ergibt einen zusätzlichen Oxidationsschutz. Dabei handelt es sich um traubenfremde Tannine, die sowohl aus neuem Holz als auch Früchten wie Galläpfeln extrahiert werden und den überwiegenden Anteil der handelsüblichen Tannine darstellen. Sie sind anderer chemischer Natur als das traubenbürtige Tannin flavonoider Struktur und haben die Eigenschaft eines Oxidationspuffers. Sie fangen den Sauerstoff aus einer zu intensiven Oxygenierung ab und bringen ihn erst nach und nach in das Oxidationsgeschehen ein (191). Damit schützen sie den Wein vor den beschriebenen autokatalytischen Effekten.

Abb. 41 erläutert das Verhalten eines tanninschwachen Blauen Portugiesers, in dem die Umsetzung von 8,5 mg/l O_2 zu einer deutlichen Verstärkung von Adstringens, Bittere und trockenen Kräutern unter gleichzeitigen Verlusten von Buntfrüchten führte. Nach vorgängiger Dosage von 150 mg/l Ellagtannin fielen diese Oxidationsschäden ungleich geringer aus mit gleichzeitigen Vorteilen für die Farbe. Die Tan-

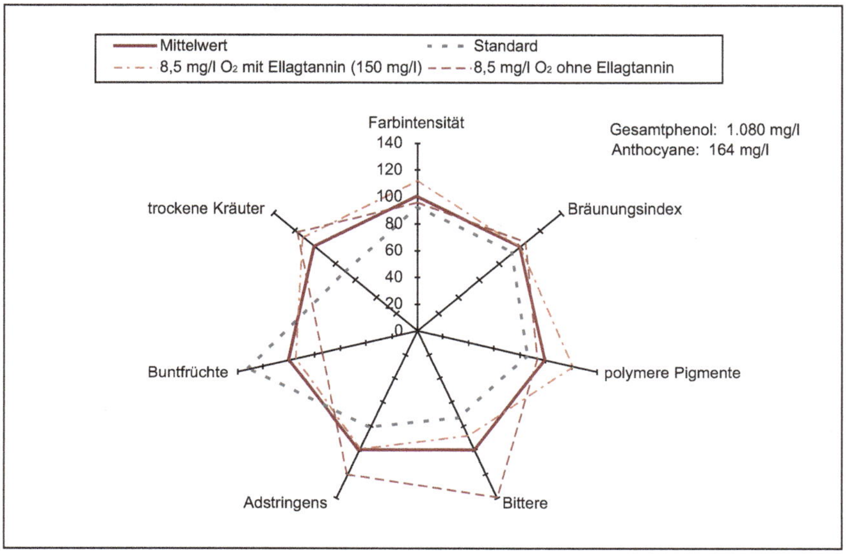

Abb. 41: Einfluss von Ellagtannin auf die Oxidation von Portugieser

nindosage führte unter den Bedingungen der Oxygenierung in bemerkenswerter Weise zu einer Minderung von Adstringens und Bittere.

Ellagtannine sind nicht stabil. Werden sie als Geschmacksverstärker zugesetzt, verliert sich ein großer Teil ihrer anfänglichen Adstringens durch oxidativen und hydrolytischen Zerfall. Während ihrer Anwesenheit im Wein nehmen sie Einfluss auf die Entwicklung des traubenbürtigen Tannins. Daraus kann sich im Einzelfall eine Minderung der Adstringens trotz temporärer Erhöhung des Tanningehalts ergeben. Dieses Phänomen ist von der Entwicklung von Barriqueweinen her bekannt. Barriques aus neuer Eiche liefern dem Wein Ellagtannin und erleichtern damit den oxidativen Ausbau, wie er unter solchen Bedingungen typisch ist. Die Lagerung in altem Holz bietet diese Möglichkeit nicht. Bereits nach einjähriger Belegung sind 80–90 % des aus Barriques extrahierbaren Ellagtannins ausgelaugt (189).

Es ist bezeichnend, dass die besonders in den Weinbauländern der Neuen Welt eingesetzte Mikrooxygenierung meist in Verbindung mit Eichenholzchips durchgeführt wird. Diese liefern nicht nur zusätzliche Aromen aus dem Holz, sondern auch Ellagtannine in Mengen, welche die Oxidation und Polymerisation des originären Traubentannins in andere Bahnen hin zu weniger aggressiven Formen leitet (191).

In Abwesenheit von Ellagtannin führt die Umsetzung von Sauerstoff über das kellertechnisch unvermeidbare Ausmaß hinaus selten zu weicheren Tanninen. In robusten Rotweinen mit hohem Gesamtphenolgehalt und ausgeglichenem Tannin-Anthocyan-Verhältnis bleibt sie meist ohne Einfluss auf die Adstringens, während sie diese in farbarmen Rotweinen sogar erhöht. Die klassische Beobachtung, wonach eine durch semi-oxidative Bedingungen geförderte Polymerisation des Tannins zu weicheren Weinen führt, gilt nur für einen längeren Ausbau im Barrique und ist nicht ohne weiteres auf im Tank gelagerte fruchtige Rotweine zu übertragen.

Die Reifung von Rotwein umfasst vielfältige sensorische Dimensionen, aber nicht zwangsläufig eine Minderung von Adstringens. Ohne eine Bereinigung der sensorischen Terminologie bleiben Widersprüche unausweichlich.

11.7 Experimentelle Ermittlung des Sauerstoffbedarfs

Unter Mikrooxygenierung versteht man eine sehr langsame Zufuhr von Sauerstoff in geringsten Mengen über mehrere Monate. Dabei liegt die Größenordnung zwischen einem und 50 mg/l O_2 pro Monat. Im Idealfall wird der Sauerstoff so schnell abgebunden, wie er zudosiert wird, so dass eine Anreicherung gelösten Sauerstoffs verhindert wird. Somit ergibt sich die Intensität der Dosage aus der Geschwindigkeit, mit der der Wein den Sauerstoff zu binden vermag. Sie ist von Zustand und Entwicklungsstadium des einzelnen Weins abhängig.

Das Aufkommen der Mikrooxygenierung führte zu einer interessanten Bereicherung der verschiedenen Verfahren aktiver Sauerstoffzufuhr (siehe Tab. 11), ohne die klassischen Methoden der Belüftung zu entwerten. Die widersprüchlichen Erfahrungen mit all diesen Techniken resultieren aus der schier unüberschaubaren Vielfalt von Variablen, die in das sensorische Ergebnis eingehen. Die wichtigsten davon sind Gesamtphenolgehalt, Anthocyangehalt, Feinhefe, SO_2, Ellagtannin, Intensität und Dauer der Sauerstoffdosage.

Der Einfluss des einzelnen Weins wurde besonders deutlich, seit die Mikrooxygenierung die Zufuhr exakt kontrollierbarer Sauerstoffmengen erlaubt. Aus diesem Grund sind in der Fachliteratur keine allgemein gültigen Aussagen zu Durchführung, Sauerstoffmenge und sensorischen Konsequenzen zu finden. Ein allen Weinen gemeinsames Phänomen ist bestenfalls die Farbintensivierung durch Bildung polymerer Pigmente sowie die Minderung eventuell vorliegender grün-vegetativer oder reduktiv-böckseriger Aromanoten. Im spezifischen Fall des Barrique-Ausbaus gewinnt die Frage nach Sauerstoffmenge und Redoxführung eine zusätzliche Bedeutung zur sensorischen Ausarbeitung der holzbürtigen Aromafraktion (155). Offensichtliche Widersprüche ergeben sich nicht zuletzt auch aus einem unpräzisen Sprachgebrauch, wenn sensorische Begriffe wie Vollmundigkeit, Adstringens, Struktur, Körper, Abrundung und Nachhaltigkeit beliebig gegeneinander ausgetauscht werden.

Da jeder Rotwein anders beschaffen ist, bleibt die aktive Sauerstoffzufuhr wie durch Mikrooxygenierung ein Verfahren, welches hohe Anforderungen an Beobachtungsgabe, handwerkliches Können und Erfahrung stellt. Die komplizierte Materie erlaubt keine vereinfachten Rezepte. Manche Weine vertragen viel Sauerstoff, andere nur wenig, und bei vielen wird das Ideal bereits durch die kellertechnisch unvermeidbare Sauerstoffaufnahme erreicht. Die Entscheidung nach Durchführung und Intensität einer Oxygenierung muss im Einzelfall durch den Winzer getroffen werden, unabhängig davon, ob konventionelle Methoden der Belüftung oder moderne Verfahren der Mikrooxygenierung zum Einsatz kommen. Von selbst läuft diese Entscheidung nicht, und kein noch so beeindruckendes Gerät kann dem Winzer die Entscheidung abnehmen. Gedankenloses Experimentieren mit der Oxygenierung kann sich schnell rächen.

Naturgemäß besteht von Seiten der Praxis ein berechtigtes Interesse, den optimalen Sauerstoffbedarf der Rotweine selbst zu ermitteln. Ein entsprechender Test kann auf einfache Weise in Flaschen von 0,75 l mit Schraubverschluss durchgeführt werden. Solche Flaschen weisen ein durchschnittliches Randvoll-Volumen von 770 ml auf.

Zwei solcher Flaschen werden mit einem Probenschlauch unterschichtig befüllt. Dazu führt man den Schlauch bis zum Boden der Flaschen und füllt diese mit dem in den Wein eingetauchten Schlauchende von unten nach oben. Mit ansteigender Füllhöhe zieht man den Schlauch langsam hoch, ohne dass der Wein durch die Luft stürzt, bis schließlich die Flasche randvoll befüllt ist. Eine dieser Flaschen wird sofort verschraubt; sie dient später als unbehandelter Standard.

Der zweiten Flasche werden mittels einer Pipette 20 ml Wein entnommen, bevor sie ebenfalls mit einer Schraubkappe dicht verschlossen wird. In dem Kopfraum von 20 ml Luft steht eine Sauerstoffmenge zur Verfügung, die 7,8 mg/l O_2 entspricht. Analog ergeben sich so 3,9 mg/l O_2 bei 10 ml Kopfraum und 16,2 mg/l O_2 bei 40 ml Kopfraum. Grundlage der Berechnung ist die Tatsache, dass Luft 20,8 % Sauerstoff enthält und 1 ml Sauerstoff ein Gewicht von 1,43 mg aufweist.

Zur erleichterten Aufnahme des Sauerstoffs wird wöchentlich umgeschüttelt. Nach Ablauf von drei bis vier Wochen erfolgt der sensorische Vergleich mit dem unbehandelten Standard.

11.8 Korrektur der Adstringens durch Behandlungsmittel

In der Praxis stellt sich oft die Frage nach einer kurzfristigen Minderung der Adstringens, zum Beispiel kurz vor dem Abfüllen. Die Techniken der Oxygenierung sind dazu grundsätzlich ungeeignet – allein deshalb, weil sie einen Zeitraum von mehreren Monaten erfordern. Sie können keineswegs durch eine einmalige massive Sauerstoffzufuhr verkürzt werden, weil eine zu intensive Oxygenierung stets kontraproduktiv ist (siehe Kapitel 11.5). Als Methode zur beschleunigten Reifung nach dem Zeitraffer-Prinzip halten sie kaum Spielraum bereit. Ein belüftendes Umpumpen vor dem Abfüllen vermag störende Kohlensäure zu entfernen, jedoch kein aggressives Tannin qualitativ aufzuwerten.

Damit haben eiweißhaltige Schönungsmittel durchaus ihre Existenzberechtigung, wenn der Faktor Zeit oder ein ungünstiges Tannin-Anthocyan-Verhältnis andere, auf Oxygenierung basierende Verfahren ausschließt. Anstelle einer qualitativen Veränderung des Tannins wird eine Minderung seiner Konzentration herbeigeführt. Für diesen Zweck hält der Handel eine Vielzahl einfacher oder konfektionierter Schönungsmittel bereit, deren Aufwandmengen erheblich variieren können. Sie basieren überwiegend auf Casein, Gelatine und Albumin (Hühnereiweiß), sei es in reiner Form oder im Gemisch. Im manchen Fällen kommt PVPP hinzu.

Grundsätzlich reagieren solche Schönungsmittel bevorzugt mit den am höchsten polymerisierten und adstringierendsten Tanninfraktionen. Daraus resultiert, dass die Minderung der Adstringens ungleich stärker ist, als es von der prozentualen Minderung des Gesamtphenolgehalts her zu erwarten ist. Das macht orientierende Vorversuche unentbehrlich. Dennoch kann die Kenntnis des Gesamtphenolgehalts und seine sachgerechte Interpretation den Einsatz tanninmindernder Schönungsmittel erleichtern, ähnlich wie die Gesamtsäure eine Orientierung zur Entsäuerung gibt. Stellt man in einem als zu adstringierend empfundenen Rotwein einen Gesamtphenolgehalt von beispielsweise nur 2.000 mg/l fest, wird kaum die Menge des Tannins für seine Adstringens verantwortlich sein, sondern nur eine bestimmte, sensorisch aggressive Fraktion davon. Sie lässt sich mit einem geringen Aufwand an Schönungsmittel entfernen. In diesen Situationen leisten Albumine und Caseine oft gute Dienste. Weist der Wein jedoch einen Gesamtphenolgehalt von 3.500 mg/l auf, ist mit großer Wahrscheinlichkeit die Ursache der Adstringens in der Konzentration des Tannins schlechthin zu suchen. Zu ihrer Minderung ist eine entsprechend hohe Aufwandmenge an Schönungsmittel erforderlich. In solchen Fällen ist die Leistungsfähigkeit traditioneller Gelatine nicht zu unterschätzen.

Mit der Einführung der Deklarationspflicht von Produkten aus Milch (Casein) und Eiern (Albumin) ab 2009 ist mit einer zunehmenden Bedeutung der Gelatine zu rechnen, da die neu zugelassenen Pflanzenproteine zur Weinbehandlung noch einige Probleme bei der Anwendung zeigen. Abb. 42 stellt am Beispiel eines typischen Rotweins dar, wie sich Gesamtphenol und einzelne phenolische Fraktionen mit zunehmender Gelatinedosage mindern. Innerhalb der gezeigten Dosagespanne kam es zu einer vollständigen Ausflockung der Gelatine. Die sensorischen Ergebnisse sind vom Einzelfall abhängig.

Umgekehrt kann ein Mangel an Adstringens durch einen Zusatz von Tannin korrigiert werden. Dazu hält der Handel traubenbürtige Tannine, Ellagtannine und daraus abgeleitete Mischprodukte unter verschiedensten Formulierungen und Be-

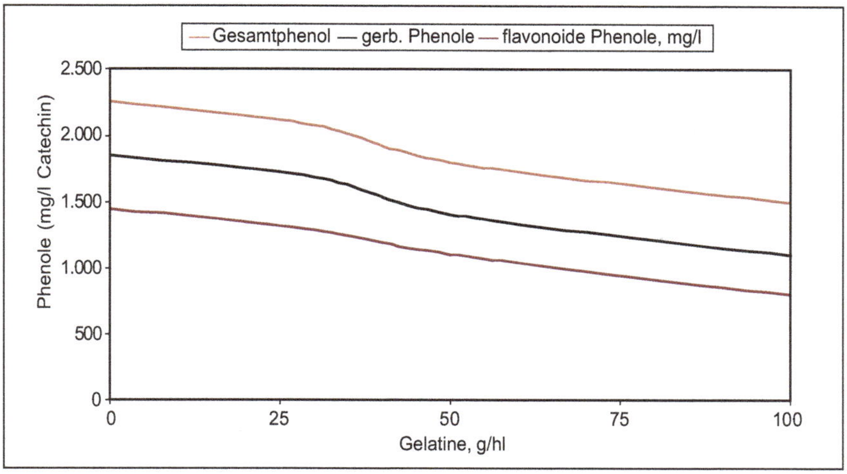

Abb. 42: Minderung von Gesamtphenol, flavonoiden und gerbenden Phenolen bei der Schönung eines Rotweins mit steigenden Mengen einer pulverisierten, heißlöslichen Gelatine

zeichnungen bereit. Aus preislichen Gründen finden meist Ellagtannine Anwendung. Ungeachtet aller ethischen Implikationen hat der Zusatz solcher legalen Additive zu Wein eine weite Verbreitung gefunden und wird mit einer fast mythischen Bedeutung überfrachtet. Farbstabilisierung, Oxidationsschutz und Geschmacksintensivierung stehen dabei im Vordergrund des Interesses. Die zahlreichen in sie gesetzten Erwartungen erfüllen sie jedoch nicht in dem Ausmaß, wie es von der Werbung suggeriert wird (35). Sie können die schweflige Säure nicht ersetzen, wo sie erforderlich ist. Eine signifikante Intensivierung und Stabilisierung der Farbe ist nur in farbarmen Rotweinen zu verzeichnen. Ihre hauptsächliche Funktion liegt in der Geschmacksverstärkung schwacher Weine, entsprechend ihren gerbend-adstringierenden Eigenschaften. Eine einseitige Betonung der Tannizität kann den Anforderungen des Marktes jedoch gegenläufig sein.

Handelsübliche Tannine sind prinzipiell banale Gerbstoffe und als solche geruchlich neutral. Aromatisierte Tannine, die punktuell auf dem Markt angeboten werden, widersprechen geltendem Recht. Betrachtet man reine Tannine, sind die Unterschiede zwischen den Präparaten nicht überzubewerten. Obwohl zum Zeitpunkt des Zusatzes zweifellos gegeben, schrumpfen sie nach Ablauf einiger Wochen und Monate meist bis zur Grenze der Signifikanz. Die Effekte sind weniger vom Tannin als vom einzelnen Wein abhängig, in dem es eingesetzt wird. Mit zunehmender Dichte des Weins kommen sie zum Verschwinden. Durch die Reife des Leseguts und die Wahl des Vinifikationsverfahrens ergeben sich größere Unterschiede als durch den Zusatz von Tannin vor oder nach der Gärung.

11.9 SO_2-Stabilisierung vor der Abfüllung

Obwohl Rotweine tendenziell oxidativer als Weißweine ausgebaut werden können, sind die Anforderungen an die Stabilität der freien schwefligen Säure vor dem Abfüllen identisch. Wenn die freie SO_2 auf der Flasche – infolge Oxidation mit dem durch den Flaschenverschluss eindiffundierenden Sauerstoff – schließlich bis auf Null abgebaut ist, entsteht in Rotwein genauso ein Luftton (siehe Kapitel 1.2.4) wie in Weißwein. Andererseits sind zu hohe SO_2-Gehalte nicht nur der farblichen, sondern auch der geschmacklichen Qualität abträglich. Es besteht eine enge Beziehung zwischen den farblich aktiven, dass heißt nicht durch SO_2 ausgebleichten Anthocyanen und der Gesamtqualität (176). Rotweine mit zu hoher freier SO_2 präsentieren sich schlank und dünn.

Spezifische Schwierigkeiten bei der SO_2-Stabilisierung von Rotwein ergeben sich aus dem Wechsel vom oxidativen Ausbau zum reduktiven Wein, der zur Abfüllung gelangen soll. Ursache ist im Wein gelöster Sauerstoff. Die Aufnahme von Sauerstoff ist in der letzten Phase vor dem Abfüllen nicht gänzlich zu vermeiden. Sie erfolgt durch Umlagerung, Filtration, Rühren oder gar intensives Belüften zur Böckserbehandlung oder zum Austreiben störender Kohlensäure. Besonders in kleinen Weinvolumen kann sich so die Menge des gelösten Sauerstoffs schnell der Sättigungsgrenze von 8,5 mg/l nähern.

Starke SO_2-Verluste durch Oxidation

Unter analogen Bedingungen erfolgt eine solche Sauerstoffaufnahme auch im Weißwein. Dort reagiert der Sauerstoff jedoch nur zu einem Bruchteil mit der schwefligen Säure (siehe Kapitel 3.2). Ähnliches gilt unter den Bedingungen einer kontinuierlichen, aber moderaten Sauerstoffaufnahme von Rotweinen während ihrer Lagerung. Akkumuliert jedoch gelöster Sauerstoff innerhalb kurzer Zeit im Rotwein, ist seine Reaktionskinetik eine andere, bedingt durch eine erhöhte Bildung intermediärer Peroxide (151). Der Sauerstoff geht in diesem Fall vollständig zu Lasten der schwefligen Säure und mindert diese um den stöchiometrischen Wert von 4 mg/l SO_2 pro 1 mg/l O_2. So erklärt sich leicht ein Verlust von 20 mg/l freier SO_2 innerhalb weniger Tage nach der Abfüllung, wenn ein Rotwein mit einer durchaus realistischen Menge von 5 mg/l gelöstem Sauerstoff abgefüllt wird. In Verbindung mit einer fälschlich zu niedrig gemessen freien SO_2 kann so rasch ein Luftton auf der Flasche auftreten.

Ursache des Abbaus von SO_2 ist ihre bekannte Oxidation zu Sulfat, wobei sowohl die freie als auch die gesamte SO_2 gemindert werden. Man kann diesen Vorgang als eine Art chemischer Entschwefelung ansehen. Da Sulfat nicht in die gesamtschweflige Säure eingeht, wird die SO_2-Bilanz nicht belastet, wenn nach solchen oxidationsbedingten SO_2-Verlusten nachgeschwefelt wird.

Der SO_2-Verbrauch durch gelösten Sauerstoff muss bei der SO_2-Stabilisierung einkalkuliert werden, wenn der Wein danach einen bestimmten SO_2-Gehalt nicht unterschreiten soll. Daraus folgt, dass die Kenntnis der freien SO_2 im Rotwein nur so viel wert ist, wie man auch dessen momentanen Sauerstoffgehalt beherrscht. Diese Kenntnis erleichtert die richtige SO_2-Dosierung. Hier finden tragbare Sauerstoffmessgeräte ein dankbares Einsatzgebiet, um zukünftige SO_2-Verluste berechnen und im Vorfeld durch eine entsprechend höhere Dosage kompensieren zu können. Der damit einhergehende zusätzliche Farbverlust ist reversibel und vorübergehend. Die Farbe intensiviert sich wieder, wenn die freie SO_2 sinkt. Grundsätzlich ist die Stabilität der freien SO_2 wichtiger als ihr absoluter Gehalt.

Da Sauerstoffmessgeräte in der Praxis meist nicht zur Verfügung stehen, muss die SO_2-Stabilität auf einfacherem Wege durch den Faktor Zeit herbeigeführt werden. Fünf Tage beträgt die maximale Zeitspanne, die ein Rotwein benötigt, um den während der Vorbereitung zur Abfüllung aufgenommenen Sauerstoff abzubinden. Gesteht man ihm während dieser Frist eine bewegungslose Lagerung unter Luftabschluss zu, hat sich ein stabiler SO_2-Gehalt eingestellt. Die Reaktionen, die auf der

Flasche zum SO_2-Abbau führen würden, laufen im Gebinde ab. Damit besteht die Möglichkeit, den SO_2-Verlust rechtzeitig vor der Abfüllung zu ergänzen.

Analytische Artefakte

Mangelnde SO_2-Stabilität kann auch rein analytische Ursachen haben. In der Tat stößt die Ermittlung des Gehalts an freier SO_2 in Rotwein auf Schwierigkeiten, die man von Weißweinen her nicht kennt. Sie erfordert einen analytischen Aufwand, der über das Niveau der im Winzerbetrieb gängigen Methoden der Routinebestimmung hinausgeht. Mittels der klassischen Jodtitration werden in Rotwein nämlich unrealistisch hohe Mengen freier SO_2 gemessen. Dies hat zwei Gründe.

Die Schwierigkeit der visuellen Erkennung des Endpunktes der Jodtitration ist ein rein handwerkliches Problem, welches man durch eine voltametrische Endpunktindikation mittels Doppel-Platinelektrode umgehen kann. Am Resultat ändert sich dabei prinzipiell nichts. Für den analytischen Fehler sind vielmehr Tannine und Anthocyane verantwortlich, die systematisch höhere Gehalte freier SO_2 vortäuschen. Sie reagieren wie schweflige Säure selbst mit Jod. Störende Substanzen dieser Art werden gemeinhin als Reduktone bezeichnet. Der Gehalt dieser Reduktone kann in jungen, anthocyanreichen Rotweinen bis zu 60 mg/l SO_2 vortäuschen. Dieses Problem kann durch adäquate Bestimmungsmethoden gelöst werden, welche die Reduktone berücksichtigen.

Darüber hinaus binden Anthocyane schweflige Säure. Diese Bindung ist sehr locker. Sie löst sich im Zuge der Einstellung des chemischen Gleichgewichtes, wenn freie SO_2 titriert wird: Freie SO_2 wird aus der Bindung nachgeschoben, und zwar umso mehr, je langsamer die Titration erfolgt (120). Man erkennt dies an der Verschleppung des Endpunktes. Wird nachtitriert, erfasst man mehr schweflige Säure in freier Form, als in Wirklichkeit vorliegt. Der Fehler kann durchaus 10–20 mg/l betragen. Die analytische Lösung dieses Problems erfordert eine matrixfreie SO_2-Bestimmung oder einen gänzlichen Ersatz der Jodtitration durch alternative Verfahren. Grundsätzlich ist der analytische Wert der freien SO_2 stark von der eingesetzten Methode abhängig.

Literaturverzeichnis

1. ARNOLD, R.A., Noble, A.C. (1979): Effect of pomace contact on the flavor of Chardonnay wine. Am. J. Enol. Vitic., 30, 179-181.
2. ARNOLD, R.A., Noble, A.C., Singleton, V.L. (1980): Bitterness and astringency of phenolic fractions in wine. J. Agric. Food Chem., 28, 675-678.
3. ARTAJONA, J.R. et al. (1990): Expériences d'hyperoxygénation au Penedés. Revue Fr. d'Oenologie, 124, 65-67.
4. BACH, H.P., Hoffmann, P. (1978): Der Einfluss unterschiedlicher Mostbehandlung auf Geschmack und Zusammensetzung der Weine. Die Weinwirtschaft, 41, 1258-1265.
5. BACH, H.P., Nobis, P. (1985): Einfluss der Mostoxidation auf den Wein. Weinwirtschaft-Technik, 9, 294-311.
6. BAGNOUD, X. (1993): Etude de la réactivité des moûts et des vins blancs vis-à-vis de l'oxygène: Méthodes d'analyse et applications pratiques. Diplomarbeit, Ecole d'Ingénieurs ETS, Changins.
7. BAILLY, B. (1990): Essai d'hyperoxygénation des moûts sur cépages locaux en Alsace. Revue Fr. d'Oenologie, 127, 7-14.
8. BARO, A.L., Quiros Carrasco, J.A. (1977): Les conditions de formation des aldéhydes dans le vin. Bull. de l'OIV, 50, 253-267.
9. BLANCK, G. (1990): Utilisation de l'hyperoxidation pour la valorisation des moûts de tailles en Champagne. Revue Fr. d'Oenologie, 124, 50-57.
10. BLOUIN, J., Papet, N., Stonestreet, E. (2000): Etude de la structure polyphénolique des vins rouges par analyses physico-chimiques et sensorielles. J. Int. Sci. Vigne Vin, 34, 1, 33-40.
11. BRADSHAW, M.P. et al. (2003): Defining the ascorbic acid crossover from anti-oxidant to pro-oxydant in a model wine matrix containing (+)-catechin. J. Agric. Food Chem., 51, 4126-4132.
12. BRADSHAW, M.P. et al. (2004): Examination of the sulfur dioxide-ascorbic acid anti-oxydant system in a model white wine matrix. J. Sci. Food Agric., 64, 318-324.
13. BURDACH, K. J.: Geschmack und Geruch, 1. Auflage 1988, Verlag Hans Huber, Bern.
14. CADEAC, G., Puig, P., Sarthou, P. (1992): Définition d'un indice de tannicité pour l'élaboration des vins rouges. Revue des Oenologues, 64, 19-20.
15. CAPUTI, A., Peterson, R.G. (1965): The browning problem in wines. Am. J. Enol. Vitic., 16, 9-13.
16. CASEY, J.A. (1989): Closures for wine bottles-a user's viewpoint. The Australian Grapegrower and Winemaker, 4, 99-107.
17. CHARPENTIER, C. (2000): Yeast autolysis and yeast macromolecules. Their contribution to wine flavor and stability. Proceedings 50th annual meeting, American Society for Enology and Viticulture, Seattle, WA, 271-277.
18. CHEYNIER, V. et al. (1989): Effect of pomace contact and hyperoxidation on the phenolic composition and quality of Grenache and Chardonnay wines. Am. J. Enol. Vitic., 40, 36-42.
19. CHEYNIER, V. et al. (1990): Must browning in relation to the behavior of phenolic compounds during oxidation. Am. J. Enol. Vitic., 41, 346-349.
20. CHEYNIER, V., Rigaud, J., Moutounet, M. (1990): Oxidation kinetics of trans-caffeoyl tartrate and its glutathione derivates in grape must and must-like model solutions. Phytochemistry, 29, 6, 1751-1753.
21. CHEYNIER, V. et al. (1991): Hyperoxidation: influence of various oxygen supply levels on oxidation kinetics of phenolic compounds and wine quality. Vitis, 30, 107-115.
22. CHEYNIER, V. et al. (1993): Estimation of must oxidation during pressing in Champagne. Am. J. Enol. Vitic., 44, 393-399.
23. CHEYNIER, V. et al. (1995): Oxidation enzymatique et chimique des polyphénols au cours de la vinification. In: Tagungsberichte 4. Intl. Symposium "Innovationen in der Kellerwirtschaft", Stuttgart, 50-59.
24. CHEYNIER, V., Rémy, S., Fulcrand, H. (2001): Mechanisms of anthocyanin and tannin changes during winemaking and aging. Proceedings 50th anniversary annual meeting, American Society for Enology and Viticulture, Davis, CA, 337-344.
25. CHEYNIER, F. et al. (2006): Structure and properties of wine pigments and tannins. Am. J. Enol. Vitic., 57, 3, 298-305.
26. CHRISTOPH, N. et al. (1998): Bildung von 2-Aminoacetophenon und Formylaminoacetophenon im Wein durch Einwirkung von schwefliger Säure auf Indol-3-essigsäure. Die Wein-Wissenschaft, 53, 2, 79-86.
27. CORDONNIER, R.E., Bayonove, C.L. (1982): Etude de la phase préfermentaire de la vinification: extraction et formation de certains composés de l'arôme, cas des terpénols, des aldéhydes et des alcools en C6. Conn. Vigne Vin, 15, 269-286.
28. CRAPISI, A.R. et al. (1995).: Prefermentative treatments interaction on the white must phenolic composition. In: Tagungsberichte 4. Intl. Symposium "Innovationen in der Kellerwirtschaft", Stuttgart, 79-84.
29. DALLAS, C., Ricardo da Silva, J.M., Laureano, O. (1995): Degradation of oligomeric procyanidins and anthocyanins in a Tinta Roriz red wine during maturation. Vitis, 34, 51-56.
30. DANILEWICZ, J.C. (2003): Review of reaction mechanisms of oxygen and proposed intermediate reaction products in wine: Central role of iron and copper. Am. J. Enol. Vitic., 54,1, 73-85.
31. DANILEWICZ, J.C. (2007): Interaction of sulfur dioxide, polyphenols, and oxygen in a wine-model system: The central role of iron and copper. Am. J. Enol. Vitic., 58, 1, 53-60
32. DE BEER, D. (2004): Phenolics: A comparison of diverse analytical methods. Am. J. Enol. Vitic., 55, 4, 389-400.

33. DE LA PRESA-OWENS, C., Noble, A.C. (1997): Effect of storage at elevated temperatures on aroma of Chardonnay wines. Am. J. Enol. Vitic., 48, 3, 310-316.
34. DELCOUR, J.A. et al. (1984): Flavor thresholds of polyphenolics in water. Am. J. Enol. Vitic., 35, 2, 134-136.
35. DELTEIL, D. (2000): Utilisation de tanins oenologiques sur les raisins et les vins rouges médterranéens. Revue Fr. d'Oenologie, 181, 20-22.
36. DUBERNET, M. (1974): Recherches sur la tyrosinase de Vitis vinifera et la laccase de Botrytis cinerea. Thèse, Université de Bordeaux II.
37. DUBERNET, M., Ribéreau-Gayon, P (1974): Causes et conséquences de la consommation de l'oxygène par les moûts de raisin. Vitis, 13, 233-244.
38. DUBOURDIEU, D., Lavigne, V. (1990): Incidence de l'hyperoxygénation sur la composition chimique et les qualités organoleptiques des vins blancs secs du Bordelais. Revue Fr. d'Oenologie, 124, 58-61.
39. DUBOURDIEU, D. (1992): Défauts olfactifs de réduction d'origine fermentaire. In: Les acquisitions récentes en microbiologie du vin (B. Donèche, Coord.). Lavoisier Tec & Doc, Paris 1992, 79-88.
40. ESCUDERO, A. et al. (2000): Wine flavor oxidation. Changes in the aroma profiles during oxidation and their potential sensory significance. In: Oenologie 99, 6e Symposium international d'oenologie (A. Lonvaud-Funel, Coord.), Editions Tec & Doc, Paris 2000, 422-424.
41. ESCUDERO, A. et al. (2000): Clues about the role of methional as a character impact odorant of some oxidized wines. J. Agric. Food Chem., 48, 4268-4272.
42. ESCUDERO, A. et al. (2002): Sensory and chemical changes of young white wines stored under oxygen. An assessment of the role played by aldehydes and some other important odorants. Food. Chem., 77, 7, 325-331.
43. ESTABLET, G., Mulinazzi, W. (1994): Innovations dans les procédés de clarification des moûts. Revue Fr. d'Oenologie 77, 35-40.
44. FABRE, S. (1993): Destination de l'oxygène consommé par le vin. Revue Fr. d'Oenologie 71, 23-26.
45. FERREIRA, V. et al. (1997): Changes in the profile of volatile compounds in wines stored under oxygen and their relationship with the browning process. Z. Lebensm. Unters. Forsch., 205, 392-396.
46. FERREIRA DA SILVA, A.C., Bertrand, A. (1996): Evolution de quelques constituants du vin de Porto au cours du vieillissement. Etude particulière des composés carbonylés. In: Oenologie 95 (A. Lonvaud-Funel, Coord..), Editions Tec & Doc, Paris 1996, 520-523.
47. FEUILLAT, M., Escot, S., Charpentier, C., Dulau, L. (2001): Elevage des vins rouges sur lies fines - Intérêt des interactions entre polysaccharides de levures et polyphénols du vin. Revue des Oenologues, 98, 17-18.
48. FISCHER, U., Boulton, R.B., Noble, A.C. (1994): Physiological factors contributing to the variability of sensory assessments. Relationship between salivery flow rate and temporal perception of gustatory stimuli. Food Quality and Preference, 5, 55-64.
49. FORNAIRON, C. et al. (1999): Observations sur la consommation de l'oxygène pendant l'élevage des vins sur lies. J. Int. Sci. Vigne Vin, 33, 2, 79-86.
50. FORNAIRON, C. et al. (2000): Mise en évidence d'une aptitude des levures à consommer de l'oxygène pendant l'élevage des vins sur lies. In: Oenologie 99, 6e Symposium international d'oenologie, (A. Lonvaud-Funel, Coord.), Editions Tec & Doc, Paris 2000, 465-469.
51. FULCRAND, L. et al. (2004): The fate of anthocyanins in wine: Are there determining factors? In: Red wine color (A.L. Waterhouse and J.A. Kennedy, Ed.), ACS Symposium Series 886, Washington DC 2004, 68-85.
52. FULCRAND, H. et al. (2006): Phenolic reactions during winemaking and aging. Am. J. Enol. Vitic., 57, 3, 289-297.
53. FULLER, W.L., Berg, H.W. (1965): Treatment of wine with nylon 66. Am. J. Enol. Vitic., 16, 212-218.
54. GAWEL, R. (1998): Red wine astringency: a review. Austr. J. Wine and Grape Research, 4, 74-95.
55. GÉTAZ, J., Fabre, S. (1990): Mesure de l'absorption d'oxygène dans les moûts par la méthode D.B.O. Revue Fr. d'Oenologie, 124, 21-26.
56. GIOVANELLI, G., Peri, C., Parravicini, E. (1996): Kinetics of grape juice fermentation under aerobic and anaerobic conditions. Am. J. Enol. Vitic., 47, 429-434.
57. GLORIES, Y. (1976): Recherches sur la structure et les propriétés des composés phénoliques polymérisés. III. Fractionnement des composés phénoliques avec la PVP. Conn. Vigne Vin, 10, 51-71.
58. GLORIES, Y. (1984).: La couleur des vins rouges. I. Les équilibres des anthocyanes et des tanins. Conn. Vigne Vin, 18, 3, 195-217.
59. GLORIES, Y. (1984): La couleur des vins rouges. II. Mesure, origine et interprétation. Conn. Vigne Vin, 18, 4, 253-271.
60. GLORIES, Y. (1990): Oxygène et élevage en barriques. Revue Fr. d'Oenologie, 124, 91-96.
61. GLORIES Y. (1999): Substances responsables de l'astringence, de l'amertume et de la couleur des vins. In: La dégustation, J. Int. Sci. Vigne Vins, No. hors série, Bordeaux 1999, 115-118.
62. GLORIES, Y., Nagel, C.: Utilisation du diméthylaminocinammaldéhyde pour la détermination du degré de polymérisation des tanins du vin. Rapport des activités de recherches 1988-90, Institut d'Oenologie, Université de Bordeaux II, 100-101.
63. GODDEN, P.W. et al. (2001): Wine bottle closures: physical characteristics and effect on composition and sensory properties of a Semillon wine. 1. Performance up to 20 months post bottling. Austr. J. Grape Wine Research, 7, 64-105.

64. GOLDSTEIN, J.L., Swain, T.; 1963: Changes in tannins in ripening fruits. Phytochemistry 2, 371-383.
65. GOODE, J.: Wine bottle closures. FlavourPress, York 2006.
66. GUEDES DE PINHO, P., Bertrand, A., Guillou, I. (1994): Influence de l'hyperoxygénation des moûts sur la composition chimique et sensorielle des vins blancs. Revue Fr. d'Oenologie, 145, 9-17.
67. GUERZONI, M.E. et al. (1981): Stabilisation of white wine by early hyperoxidation of must. Food Technol. Austral., 33, 442-446.
68. GUILLOT, I., Bertrand, A.: Dosage des aldéhydes dans les vins - influence de l'hyperoxygénation des moûts sur leurs teneurs dans les vins. Rapport des activités de recherches 1990-92, Institut d'Oenologie, Université de Bordeaux II, 96-98.
69. GUINARD, J.X., Pangborn, R.M., Lewis, M.J. (1986): Time course of astringency in wine upon repeated ingestion. Am. J. Enol. Vitic., 37, 2, 184-189.
70. HARBERTSON, J.F., Spayd, S. (2006): Measuring phenolics in the winery. Am. J. Enol. Vitic., 57, 3, 280-288.
71. HERDERICH, M.J., Smith, P.A. (2005): Analysis of grape and wine tannins. Austr. J. Grape Wine Research, 11, 205-214.
72. INGLEDEW, W.M., Kunkee, R.E. (1985): Factors influencing sluggish fermentations of grape juice. Am. J. Enol. Vitic., 36, 65-76.
73. INGLEDEW, W.M., Magnus, C.A., Sosulski, F.W. (1987): Influence of oxygen on proline utilization during wine fermentation. Am. J. Enol. Vitic., 38, 246-248.
74. JOHNER, H., Schneider, V. (1991): Mostoxidation - Erfahrungen aus Baden. Der Badische Winzer, 10, 359-361.
75. JOSLYN, M.A., Goldstein, J.L. (1965): Astringency of fruits and fruit products in relation to phenolic content. Wall. Lab. Comm., 28, 143-159.
76. JUNG, R., Zürn, F. (2000): Prüfung der Eigenschaften und Leistung von Natur- und synthetischen Weinflaschenverschlüssen. Vitic. Enol. Sci., 55, 4, 127-131.
77. KIELHÖFER, E., Würdig, G. (1960): Untersuchungen über die gekoppelte Oxidation von Ascorbinsäure und schwefliger Säure im Wein. Die Weinwissenschaft, 15, 6, 103-106..
78. KIELHÖFER, E., Würdig, G. (1958): Die Bindung des Sauerstoffs durch schweflige Säure und durch Ascorbinsäure. Weinberg u. Keller, 5, 644-656.
79. KOCH, T., Baumgarten, G.F. (1995): Research report on the influence of grape varietals and the oxidation thereof on polyphenols of South African grape juice. In: Tagungsberichte 4. Intl. Symposium "Innovationen in der Kellerwirtschaft", Stuttgart 1995, 60-66.
80. KÖHLER, H.J., Gessner, M., Miltenberger, R. (2000): Rotweinbereitung, Teil I: SO2 -Die Erfahrung zählt. Das Deutsche Weinmagazin, 14, 42-45.
81. KÖHLER, H.J., Gessner, M., Herrmann, J. (2007). Langer Hefekontakt: Vor- oder Nachteil? Das Deutsche Weinmagazin, 22, 10-15.
82. KRAMLING, T.E., Singleton, V.L. (1969): An estimate of the nonflavonoid phenols in wines. Am. J. Enol. Vitic., 20, 86-92.
83. LAVIGNE-CRUECH, V., Cutzach, I., Dubourdieu, D. (2000): Interprétation chimique du vieillissement aromatique défectueux des vins blancs. Incidence des modalités d'élevage. In: Oenologie 99 (A. Lonvaud-Funel, Ed.), Editions Tec & Doc, Paris 2000, 433-438.
84. LEA, A.G.H. (1978): The analysis of cider phenolics. Ann. Nutr. Alim., 32, 1051-1061.
85. LEA, A.G.H., Arnold, G.M. (1978): The phenolics of cider: bitterness and astringency. J. Sci. Food Agric., 29, 478-483.
86. LEA, A.G.H. et al. (1979): The procyanidins of white grapes and wines. Am. J. Enol. Vitic., 30, 289-300.
87. LEE, C.Y., Jaworski, A.W. (1988): Phenols and browning potential of white grapes grown in New York. Am. J. Enol. Vitic. 39, 337-340.
88. LOPES, P. et al. (2007): Main routes of oxygen ingress through different closures into wine bottles. J. Agric. Food Chem., 55, 13, 5167-5170.
89. MACIAS, V.M.P., Pina, I.C., Rodriguez, L.P. (2001): Factors influencing the oxidation phenomena of sherry wine. Am. J. Enol. Vitic., 52, 151-155.
90. MARKS, A.C., Morris, J.R. (1993): Ascorbic acid effects on the post-disgorgement oxidative stability of sparkling wine. Am. J. Enol. Vitic., 44, 227-231.
91. MAYER, G., Dietrich H., Wucherpfenning K. (1990): Weinausbau ohne SO2 mit Enzymen möglich? Weinwirtschaft-Technik, 7, 18-22.
92. MEISTERMANN, E. (1990): Hyperoxygénation des moûts: essais réalisés en Alsace. Revue Fr. d'Oenologie, 124, 62-64.
93. MICHELLOD, R., Domahidy, M., Fabre, S. (1990): Détection du pouvoir oxydant de certains bouchons et détermination de la nature de l'oxydant. Revue Fr. d'Oenologie, 124, 109-112.
94. MOHR, H.D. (1979): Untersuchungen zum Verbleib von Schwermetallen nach Ablauf der Gärung. Weinberg und Keller, 26, 277-288.
95. MOUTOUNET, M. (1981): Dosages des polyphénols des moûts de raisin. Conn. Vigne Vin, 15, 4, 281-301.
96. MOUTOUNET, M. et al. (1989): Les mécanismes d'oxydation mis en jeu lors de la préparation des moûts destinés à l'élaboration de vins blancs. Revue Fr. d'Oenologie, 117, 23-29.
97. MOUTOUNET, M. et al. (1990): Influence de quelques paramètres sur l'oxydation des moûts de raisin. Interprétations technologiques. Revue Fr. d'Oenologie, 124, 32-38.
98. MULLER, D.J., Kepner, R.E., Webb, A.D. (1973): Lactones in wine - a review. Am. J. Enol. Vitic., 24, 5-9.

99. MÜLLER-SPÄTH, H. (1977): Neueste Erkenntnisse über den Sauerstoffeinfluß bei der Weinbereitung aus der Sicht der Praxis. Weinwirtschaft, 113, 144-157.
100. MÜLLER-SPÄTH, H., Löscher, T., Schäfer, G. (1977): Einfluß des Sauerstoffs bei der Weinbereitung von der Traube bis zur Flaschenfüllung. Der Deutsche Weinbau, 32, 384-392.
101. MÜLLER-SPÄTH, H., Moschtert N., Schäfer G.: Beobachtungen bei der Weinbereitung. Eine Bestandsaufnahme. Weinwirtschaft 114, 1084-1089 (1978).
102. MÜLLER-SPÄTH, H. (1990): Sauerstoff und Weinbereitung. Weinwirtschaft-Technik 4, 9-11.
103. MÜLLER-SPÄTH, H. (1992): Der POM-Test. Der Deutsche Weinbau, 23, 1099-1100.
104. NAGEL, C.W., Graber, W.R. (1988: Effect of must oxidation on quality of white wines. Am. J. Enol. Vitic., 39, 1, 1-4.
105. NAGEL, C.W., Glories, Y. (1991): Use of a modified dimethylaminocinnamaldehyde reagent for analysis of flavanols. Am. J: Enol. Vitic., 42, 4, 364-366.
106. NERADT, F. (1970): Sauerstoffbindungsgeschwindigkeit bei Traubenmost. Weinberg und Keller, 17, 519-526.
107. NICOLINI, G. (1992): Variazioni nel profilo sensoriale di vini Sauvignon blanc in relazione all' iperossidazione dei mosti. Riv. Vitic. Enol., 4, 35-43.
108. NICOLINI, G., Mattivi, F., Dalla Serra, A. (1991): Iperossigenazione dei mosti: conseguenze analitiche e sensoriali su vini della vendemmia 1989. Riv. Vitic. Enol., 3, 45-56.
109. NOBLE, A.C.: Application of time-intensity-procedures for the evaluation of taste and mouthfeel. Am. J. Enol. Vitic., 46 (1995), 128-133.
110. NOBLE, A.C. (1998). Why do wines taste bitter and feel astringent? Chemistry of wine flavour (A.L. Waterhouse and S.E. Ebeler, Ed.), ACS Symposium Series 714, Washington DC 1998, 156-165.
111. OUGH, C.S., Crowell, E.A. (1987): Use of sulfur dioxide in winemaking. J. Food Sci., 52, 386-388.
112. PASTEUR, L.: Etudes sur le vin. Réimpression de l'édition de Paris, 1875. Laffitte Reprints, Marseille.
113. PENG, Z. et al. (1998): The effect of ascorbic acid on oxidative browning of white wines and model wines. Austr. J. Grape Wine Research, 4, 127-135.
114. PEREZ-BUSTAMANTE, J.A. et al. (1995): Influence of controlled oxydation on the polyphenolic contents of sherry must. In: Tagungsberichte 4. Intl. Symposium "Innovationen in der Kellerwirtschaft", Stuttgart 1995, 152-160.
115. PERI, C. et al. (1971): Madeirization of white wines. Influence of pressing and the susceptibility of grapes to oxidative browning. J. Sci. Food Agric. 22, 24-28.
116. PERSCHEID, M., Zürn, F. (1976): Über die Bedeutung des Sauerstoffs bei der Weinbereitung. Weinwissenschaft, 31, 4, 287-300.
117. PERSCHEID, M., Zürn, F. (1977): Der Einfluß von Oxidationsvorgängen auf die Weinqualität. Weinwirtschaft, 113, 10-12.
118. PFEIFER, W. (2000): Sauerstoffaufnahme bei der Weinbereitung und deren Einfluß auf die Qualität. Das Deutsche Weinmagazin, 26, 24-27.
119. PIRACCI, A. et al. (1994): Influenza della ossigenazione spinta dei mosti su alcuni parametri fenolici di vini bianchi e loro conservabilità. Vignevini, 6, 43-51.
120. PONTALLIER, P. (1981): Recherches sur les conditions d'élevage des vins rouges. Rôle des phénomènes oxidatifs. Thèse, Université Bordeaux II:
121. PONTALLIER, P., Ribéreau-Gayon, P. (1983): Influence de l'aération et du sulfitage sur l'évolution de la matière colorante des vins rouges au cours de la phase d'élevage. Conn. Vigne Vin, 17, 2, 105-120.
122. PRIPIS-NICOLAU, L. et al. (2000): Les composés dicarbonylés et carbonylés du vins: Précurseurs possibles d'arômes. In: Oenologie 99 (A. Lonvaud-Funel, Ed.) Editions Tec & Doc, Paris 2000, 425-427.
123. RAUHUT, D., Kürbel, H. (1994): Die Entstehung von H2S aus Netzschwefel-Rückständen während der Gärung und deren Einfluss auf die Bildung von böckserverursachenden Metaboliten im Wein. Die Wein-Wissenschaft, 49, 27-36.
124. RIBA, J.P. (1990): L'oxygène en solution: Solubilité et lois de transfert. Revue Fr. d'Oenologie, 124, 14-19.
125. RIBÉREAU-GAYON, J. et al.: Sciences et techniques du vin, tome 3. Dunod, Paris 1976.
126. RICARDO DA SILVA, J.M. et al. (1993): Effect of pomace contact, carbonic maceration and hyperoxidation on the procyanidin composition of Grenache blanc wines. Am. J. Enol. Vitic., 44, 168-172.
127. RIGAUD, J. et al. (1990): Mécanismes d'oxydation des polyphénols dans les moûts blancs. Revue Fr. d'Oenologie, 124, 27-31.
128. RIGAUD, J. et al. (1991): Influence of must composition on phenolic oxidation kinetics. J. Sci. Food. Agric., 57, 55-63.
129. ROSSI, J.A., Singleton, V.L. (1966): Contribution of graphe phenols to oxygen absorption and browning of wines. Am. J. Enol. Vitic., 17, 231-239.
130. ROSSI, J.A., Singleton, V.L. (1966): Flavor effects and adsorptive properties of purified fractions of grape seed phenols. Am. J. Enol. Vitic., 17, 240-246.
131. ROUSSIS, I.G. et al. (2000): Inhibition of oxidative browning in white wines by homocysteine. Vitic. Enol. Sci., 55, 29-32.
132. SABLAYROLLES, J.M. (1990): Besoins en oxygène lors des fermentations oenologiques. Revue Fr. d'Oenologie, 124, 77-79.
133. SALMON, J.M. et al. (2000): Modifications chimiques des lies consécutives à l'apport d'oxygène

pendant l'élevage des vins sur lies. In: Oenologie 99, 6e Symposium international d'oenologie (A. Lonvaud-Funel, Coord.), Editions Tec & Doc, Paris 2000, 428-432.

134. SARNI-MANCHADO, P., Cheynier, V. (1999): Structures phénoliques et astringence. In: La dégustation, J. Int. Sci. Vigne Vin, No. hors série, Bordeaux 1999, 119-127.
135. SAUCIER, C., Roux, D., Glories, Y. (1999): Interactions tanins-colloides: Nouvelles avancées concernant la notions de "bons" et de "mauvais" tanins. In: Colloids and mouthfeel in wines; Les entretiens scientifiques Lallemand, Lallemand S.A. (Ed.), Toulouse 1999, 31-33.
136. SAUCIER, C., Roux, D., Glories, Y. (2000): "Bons" et "mauvais" tanins: approches moléculaire et colloidale. In: Oenologie 99, 6e Symposium International d'?nologie (A. Lonvaud-Funel, Coord.), Editions Tec & Doc, Paris 2000, 443-446.
137. SCHMITT, A., Köhler, H., Miltenberger, R., Curschmann, K. (1980): Über den Einfluss des Sauerstoffs auf Maische und Most unter Berücksichtigung der Reduktionsmittel SO2 und Ascorbinsäure. Der Deutsche Weinbau, 24, 856-859 und 24, 890-897.
138. SCHMIDT, O., Weiser, K., Amann, R. (2003): Sauerstoffmanagement bei der Verarbeitung weißer Rebsorten. Das Deutsche Weinmagazin, 13, 28-33.
139. SCHNEIDER, V. (1990): Weinalterung, Teil IV. Weinwirtschaft-Technik, 02, 10-13.
140. SCHNEIDER, V. (1991): Comportement des vins obtenus par oxygénation des moûts blancs. Revue Fr. d'Oenologie, 130, 33-42.
141. SCHNEIDER, V., Chapron, P. (1992): Mostvorklärung durch Flotation. Weinwirtschaft Technik, 2, 17-19.
142. SCHNEIDER, V. (1992): Entrappen oder nicht entrappen? Weinwirtschaft-Technik, 5, 63-65.
143. SCHNEIDER, V. (1993): Oxidative Weinalterung. I. Analytische Ansätze. Das Deutsche Weinmagazin, 17, 18-26.
144. SCHNEIDER, V. (1994): Neuere Erkenntnisse zur Mostoxidation. Die Winzer-Zeitung, 10, 20-23.
145. SCHNEIDER, V. (1995): Evaluation of small amounts of flavonoid phenols in white wines by colorimetric assays. Am. J. Enol. Vitic., 46, 274-277.
146. SCHNEIDER, V. (1996): Einfluß von Maischestandzeit und Mostoxidation auf die Sensorik von Riesling. Die Winzer-Zeitung, 7, 22-25.
147. SCHNEIDER, V. (1996): Entstehung und Charakterisierung von Altersfirne. Das Deutsche Weinmagazin, 14, 19-21.
148. SCHNEIDER, V. (1998): Maischestandzeit bei weißen Rebsorten. Das Deutsche Weinmagazin, 20, 26-32.
149. SCHNEIDER, V. (1998): Must hyperoxidation. A review. Am. J. Enol. Vitic., 49, 65-73.
150. SCHNEIDER, V. (1998): Kalium: Sensorische Bedeutung und önologische Differenzierung. Die Winzer-Zeitschrift, 07, 36-39.
151. SCHNEIDER, V. (1999): SO2-Stabilisierung: Luftton-Fehler im Rotwein vermeiden. Das Deutsche Weinmagazin, 25, 18-21.
152. SCHNEIDER, V. (1998): Herausforderung Rotwein. Das Tannin rheinhessischer Rotweine. Das Deutsche Weinmagazin, 2, 32-37.
153. SCHNEIDER, V. (2001): Strategien gegen den Böckser. Das Deutsche Weinmagazin, 19, 18-23.
154. SCHNEIDER, V. (2003): Alterung von Weißwein, IV. Einfluss von Sauerstoff vor und nach dem Abfüllen. Die Winzer-Zeitschrift, 10, 30-32.
155. SCHNEIDER, V. (2006): Ausbau im Barrique: Die Bedeutung der Redoxführung. Das Deutsche Weinmagazin, 9/10, 86-89.
156. SCHNEIDER, V. (2005): Dornfelder: Welcher Inhalt sorgt für Qualität? Das Deutsche Weinmagazin, 02, 12-15.
157. SILVA FERREIRA, A.C. et al. (2002): Kinetics of oxidative spoilage of white wines and how they are affected by selected technological parameters. J. Agric. Food Chem., 50, 5919-5924.
158. SILVA FERREIRA, A.C., Hogg, T., Guedes de Pinho, P. (2003): Identification of the key odorants related to the typical aroma of oxidation-spoiled wines. J. Agric. Food Chem., 51, 1377-1381.
159. SILVA FERREIRA, A.C. et al. (2003): Relationship between potentiometric measurements, sensorial analysis and some substances responsible for aroma degradation of white wines. J. Agric. Food Chem., 51, 4668-4672.
160. SILVA FERREIRA, A.C. (2007): Oxidation management of white wines: Application of chemical sensors to winemaking process. In: Tagungsband 8. Int. Symposium "Innovationen der Kellerwirtschaft", Stuttgart 2007, 151-161.
161. SIMPSON, R. (1978): 1,1,6-Trimethyl-1,2-dihydronaphtalene: an important contributor to the bottle aged bouquet of wine. Chemistry in Industry, 1, 37.
162. SIMPSON, R. (1978): Aroma and compositional changes in wine with oxidation, storage and ageing. Vitis, 17, 274-287.
163. SIMPSON, R. (1982): Factors affecting oxidative browning in white wine. Vitis, 21, 233-239.
164. SINGLETON, V.L., Rossi, J.A. (1965): Colorimetry of total phenolics with phosphomolybdic-phosphotungstic acid reagents. Am. J. Enol. Vitic., 16, 144-158.
165. SINGLETON, V.L., Esau, P.: Phenolic substances in grapes and wine and their significance. In: Advances in Food Research. Academic Press, London 1969.
166. SINGLETON, V.L., Noble, A.C. (1976): Wine flavor and phenolic substances. Am. Chem. Soc. Symposium Series, 26, 47-70.

167. SINGLETON, V.L., Kramling, T.E. (1976): Browning of white wines and an accelerated test for browning capacity. Am. J. Enol. Vitic., 27, 157-160.
168. SINGLETON, V.L., Zaya, J., Trousdale, E. (1980): White table wine quality and polyphenol composition as affected by must SO2 content and pomace contact time. Am. J. Enol. Vitic., 31, 14-20.
169. SINGLETON, V.L. et al. (1985): Caftaric acid disappearance and conversion to products of enzymic oxidation in grape must and wine. Am. J. Enol. Vitic., 36, 50-56.
170. SINGLETON, V.L. (1987): Oxygen with phenols and related reactions in musts, wines and model systems: observations and practical implications. Am. J. Enol. Vitic., 38, 69-77.
171. SINGLETON, V.L., Trousdale, E.K. (1992): Anthocyanin-tannin interaction explaining differences in polymeric phenols between white and red wines. Am. J. Enol. Vitic., 43, 63-70.
172. SINGLETON, V.L. (2001): A survey of wine aging reactions, especially with oxygen. In: Proceedings ASEV 50th Anniversary Annual Meeting, June 2000, J.R. Rantz (Ed.), ASEV, Davis, CA, 323-336.
173. SKOUROUMOUNIS, G.K. et al. (2005): The influence of ascorbic acid on the composition, colour and flavour properties of a Riesling and a wooded Chardonnay wine during five years' storage. Austr. J. Grape Wine Research, 11, 355-368.
174. SKOUROUMOUNIS, G.K. et al. (2005): The impact of closure type and storage conditions on the composition, colour and flavour properties of a Riesling and a wooded Chardonnay wine during five years' storage. Austr. J. Grape Wine Research, 11, 369-377.
175. SOMERS, T.C., Ziemelis, G. (1972): Interpretations of ultraviolet absorption in white wines. J. Sci. Food Agric., 23, 441-453.
176. SOMERS, T.C., Evans, M.E. (1974): Wine Quality: Correlations with color density and anthocyanin equilibria in a group of young red wines. J. Sci. Fd. Agric., 25, 1369-1379.
177. SOMERS, T.C., Evans, M.E. (1977): Spectral evaluation of young red wines: Anthocyanin equilibria, total phenolics, free and molecular SO2, chemical age. J. Sci. Food Agric., 28, 279-287.
178. SOMERS, T.C., Ziemelis, G. (1980): Gross interference by sulphur dioxide in standard determinations of wine phenolics. J. Sci. Food Agric., 31, 600-610.
179. SOMERS, T.C., Wescombe, L.G. (1987): Evolution of red wines. II. An assessment of the role of acetaldehyde. Vitis, 26, 27-36.
180. SPONHOLZ, W.R., Hühn, T., Engelmann, A., Siben, A. (1997): Mögliche Einflüsse weinbaulicher Parameter auf die Ausbildung des "Untypischen Alterungstons" bei Rieslingweinen. Die Wein-Wissenschaft, 52, 1, 41-50.
181. SQUARZONI, M., Limbo, S., Luciano, P. (2004): Proprietà barriera all'ossigeno di differenti tipologie di tappi per vini. Industri delle bevande, 32, 113-116.
182. STELZER, T.: Taming the screw: A manual for winemaking with screwcaps. Wine Press, Brisbane 2005.
183. TIMBERLAKE, C.F., Bridle, P. (1977): Anthocyanins: Color augmentation with catechin and acetaldehyde. J. Sci. Food Agric., 28, 539-544.
184. TOURNIER, R. (1990): Conditions de mise en oeuvre de l'hyperoxygénation. Revue Fr. d'Oenologie 124, 39-41.
185. VERETTE, E., Noble, A.C., Somers, T.C. (1988): Hydroxycinnamates of Vitis vinifera: Sensory assessment in relation to bitterness in white wine. J. Sci. Food Agric. 45, 267-272.
186. VIDAL, J.C. et al. (2001): Les apports d'oxygène au cours des traitements des vins. Bilans des observations sur site, 1 ère partie. Revue Fr. d'Oenologie, 190, 24-30.
187. VIDAL, J.C. et al. (2003): Les apports d'oxygène au cours des traitements des vins. Bilans des observations sur site, 2 ème partie. Revue Fr. d'Oenologie, 201, 32-38.
188. VIDAL, J.C. et al. (2004): Les apports d'oxygène au cours des traitements des vins. Bilans des observations sur site, 3 ème partie. Revue Fr. d'Oenologie, 205, 25-33.
189. VIVAS, N.: Manuel de tonnellerie à l'usage des utilisateurs de futaille. Editions Féret, Bordeaux 1998.
190. VIVAS, N. et al. (1994): Estimation du degré de polymérisation des procyanidines du raisin et du vin par la méthode au p-diméthylaminocinnamaldéhyde. J. Int. Sci. Vigne Vin, 28, 4, 319-336.
191. VIVAS, N., Glories, Y. (1996): The role of oak wood ellagitannins in the oxidation process of red wines during aging. Am. J. Enol. Vitic., 47, 103-107.
192. VIVAS, N., Glories, Y. (1996): Effet antioxidant de l'anhydride sulfureux dans les vins rouges. Riv. Vitic. Enol., 3, 51-56.
193. VOS, P.J.A., Gray R.S. (1979): The origin and control of hydrogen sulfide during fermentation of grape musts. Am. J. Enol. Vitic., 30, 187-197.
194. WANN, G.S. (1998): Phenolic considerations in Chardonnay juice treatments. The Focus on Chardonnay Journal, 10, 7-17.
195. WATERHOUSE, A.L., Laurie, V.F. (2006). Oxidation of wine phenolics: A critical evaluation of hypotheses. Am. J. Enol. Vitic., 57, 3, 306-313.
196. WATERS, E.J. et al. (1996): The role of corks in oxidative spoilage of white wines. Austr. J. Grape Wine Research, 2, 191-197.
197. WENZEL, K., Dittrich, H.H. (1978): Zur Beeinflussung der H2S-Bildung der Hefe durch Trub, Stickstoffgehalt, molekularen Schwefel und Kupfer bei der Vergärung von Traubenmost. Wein-Wissenschaft 33, 200-214.
198. WILDENRADT, H.L., Singleton V.L. (1974): The production of aldehydes as a result of oxidation of

phenolic compounds and its relation to wine aging. Am. J. Enol. Vitic. 25, 119-126.

199. WILLIAMS, R.L., Duvernay, J.M., Recht, J. (1995): Influencing polyphenols in white wine; Seed enhancements studies. In: Tagungsberichte 4. Intl. Symposium "Innovationen in der Kellerwirtschaft", Stuttgart 1995, 233-239.

200. WULF, L.W., Nagel, C.W. (1980): Identification and changes of flavonoids in Merlot and Cabernet Sauvignon wines. J. Food Sci., 45, 479-484.

201. ZIRONI, R., Buiatti, S., Zelotti, E. (1992): Evaluation of a new colourimetric method for the determination of catechin in musts and wines. Vitic. Enol. Sci., 47, 1-7.

Register

S

T

U

V

Z

Kolibri 360 GmbH
Ferdinand-Jühlke-Straße 7
99095 Erfurt, Deutschland
produktsicherheit@kolibri360.de